목 포
여 행
레 시 피

HAPPY
TRAVEL

06

목포종합
버스터미널

하당동

옥암동

부주산

부주동

목포과학대학교

부흥산

이로동

신흥동

영산호

갓바위권

입암산

목포자연사
박물관

갓바위

목포문화
예술회관

유달산

고하도 용머리

유달유원지

목포항 대불부두

고하도

고하도 선착장

허사도

Contents

봄

벚꽃 숲이 펼쳐지는 입암산

여름

아름다운 어선의 풍경, 목포항

가을

깨끗한 가을 하늘을 물들인 단풍과 석양

겨울

푸르스름한 겨울 석양이 분위기를 더하는 목포바다

목포 여행 레시피 추천 코스

▶▶ 이것만은 꼭! 하루 코스

하루에 목포를 돌아보고 싶은 이들을 위한 코스! 주요 여행지간의 거리가 비교적 가깝고 볼 것이 많다. 특히 일몰이 최고. 돌아가는 차편은 늦은 시간으로 예매해 두자.

1
갓바위 문화타운 — 점심 (낙지비빔밥) — 근대역사문화거리 — 유달산 (일몰과 야경)

2
유달산 — 점심 (게살비빔밥) — 근대문화역사거리 — 평화광장 (야경 및 분수쇼)

▶▶ 밤이 아름다운 목포, 1박2일 코스

목포 밤바다의 낭만을 즐기기 위해 하룻밤 묵어가자. 훨씬 여유있는 여행을 즐길 수 있다. 낙조시간을 미리 확인하고 코스를 짜 보자. 숙소는 낙조와 야경이 아름다운 곳으로 정하는 것이 좋다.

Day 1
삼학도 — 점심 (해장국) — 유달산 트래킹, 낙조 감상 — 저녁 (갈치조림) — 평화광장 분수쇼

Day 2 → 아침(콩물) → 갓바위 → 자연사박물관 → 점심(게살비빔밥) → 근대역사관 본관

← 옛 동본원사 ← 근대역사관 별관 ← 이훈동 정원 ← 성옥기념관

▶▶ 좋아요! SNS 마니아를 위한 코스

남는 건 사진뿐이다! SNS와 기념사진 찍기를 좋아하는 이들을 위한 핵심 코스. 서두르지 않고 천천히 걸으면 더 많은 것이 보이는 목포. 그러기 위해서는 구도심의 골목 탐험도 빼놓지 말자.

유달산 대학루 → 근대역사관 본관 → 이훈동 정원 → 카페 행복이가득한집 → 보리마당 (목포시 전경) → 온금동 (골목길)

▶▶ 타박타박 빈티지 코스

목포역을 출발, 오롯이 걸어 빈티지한 거리를 여행하고 싶은 이들을 위한 코스. 구도심에 펼쳐지는 근대문화역사의 흔적을 타박타박 걸으며 탐험해보자.

옛 동본원사 → 도로원표 → 근대역사관 본관 (옛 일본영사관) → 성옥기념관 → 이훈동 정원 → 근대역사관 별관 → 목포항

▶▶ 체험전시관으로 가득 채우는 문화여행

김대중 노벨평화상
기념관

목포 어린이바다박물관

국립해양문화재연구소

목포문학관

갓바위 해상보행교

목포자연사박물관

목포생활도자박물관

▶▶ 반나절 유달산 트래킹 코스

노적봉

이순신장군 동상

대학루

이난영 노래비

달선각

일등바위

관운각

유선각

유달산 일주도로

노적봉에서 시작해 약 8km를 달릴 수 있는 코스다. 특히 봄의 풍경이 아름답다. 노적봉에서 덕삼거리까지 2.5km 구간은 마치 꽃밭 위를 달리는 기분이다.

해안도로

유달산 일주도로를 따라 신안비치호텔이 있는 대반동에서 북항으로 이어지는 코스. 바다와 해넘이가 멋지다.

갓바위 문화타운

입암산과 영산강 하구둑, 바다로 이어지는 이 코스는 풍경이 아름답다. 특히 밤이면 목포를 대표하는 분수쇼와 야경을 감상할 수 있다.

목포대교

북항과 고하도를 잇는 총연장 4.13km의 다리로 2012년에 개통되었다. 세계 두 번째이자 국내에서는 처음으로 '삼면배치(3-way) 케이블 공법'을 적용하였다. 3쌍의 케이블이 상판을 지탱하는 방식이라 탁 트인 경관을 자랑한다. 주탑과 케이블은 목포의 시조(市鳥)인 학 두 마리가 바다를 날아오르는 모습을 형상화하였다. 밤에 조명이 켜지면 학의 아름다운 자태를 실감할 수 있다.

일몰과 야경이 멋진 곳

목포는 밤이 더욱 아름다운 곳이다. 바다와 산이 어우러진 아름다운 낙조는 한 폭의 동양화이고, 항구의 밤 풍경과 유달산 야경도 일품이다. 멋진 낙조와 야경을 즐기기 위해서는 먼저 포털 사이트에서 낙조 시간을 검색해 둔다. 그리고 안내 시간보다 30분 정도 미리 장소에 도착해 여유있게 즐겨보자. 일몰 시간은 보통 10월부터 1월까지는 오후 6시 이전, 2월부터는 해가 길어져 6시 이후, 5~8월까지는 7시 이후이다. 붉게 물든 바다와 야경을 담기 위해서는 삼각대 필수 배터리와 메모리도 넉넉히 준비하자.

낙조 : 유달산, 낙조대

야경 : 목포항, 북항, 평화광장, 갓바위, 고하도

홀로 떠나는 낭만 목포

빡빡한 일상에 쉼표가 필요하다면 목포로 떠나보자. 언제 찾더라도 남도의 상큼한 바람과 바다, 푸른 하늘이 상념을 쫓고 고단함도 잊게 만든다. 배낭에 간단한 여행 소지품과 책 한 권만 있으면 충분하다.

목포는 가족, 연인, 친구와 함께해도 좋고, 혼자 여행일 때도 진정한 여유를 느낄 수 있는 여행지이다. 이어폰에서 흘러나오는 음악 대신 바람소리와 어르신들의 걸쭉한 전라도 사투리를 들으며 천천히 걸을 수 있는 곳. 이곳에서는 절로 '목포의 눈물'을 흥얼거리게 된다. 유달산 정상에 올라 먼 바다를 바라보며 바람소리를 들어 보자. '참 좋구나!'라는 말이 절로 나온다.

게미 : 전라남도 특유의 사투리로, '씹을수록 고소한 맛, 음식 속에 녹아 있는 독특한 맛'을 뜻한다. '개미, 갯맛'이라고도 하는데, 어패류나 천일염의 깊고 감기는 맛을 가리킨다. 목포는 전라도에서도 게미와 개미가 풍부한 맛의 도시로 유명하다.

※ 주의 : 목포의 일부 호텔 등에서는 홍어 반입이 금지되어 있다. 밀봉된 것도 반입이 거절될 수 있으니, 미리 확인할 것.

인동주마을 061-284-4086		p.169
금메달식당 061-272-2697		
덕인집 061-242-3767		
창영상회 061-242-3500		

홍탁삼합　　　　　1

목포 뿐 아니라 전라도 대표 진미인 홍어. 옛부터 남도를 대표하는 수산물로, 세종실록 지리지에 따르면 임금께 진상되던 특산품이다. 지금까지도 전라도 지방의 잔칫상에서 빠지지 않는다. 두엄더미에 묻어 삭혀낸 홍어는 톡 쏘는 맛과 오독오독 씹히는 맛이 독특하다.

홍어는 삭혀서 회로 먹는 것이 가장 유명하지만 남도의 밥상에는 무침과 찜, 애국, 튀김, 전 등 다양한 요리로 올라온다. 홍어는 '일코 이애 삼날개 사살 오뼈'라는 말이 있듯, 첫째 가는 부위는 코다. 그 다음 애, 세째 날개, 네째가 살, 다섯째로 뼈를 꼽는다.

홍어를 먹는 법 중 삼합(三合)이 가장 보편적이다. 삭힌 홍어와 삶은 돼지고기를 올려 묵은 김치에 싸서 먹는데, 목포에서는 여기에 탁주(막걸리)를 곁들여 홍탁삼합이라 한다.

구릿한 냄새와 톡 쏘는 맛 때문에 먹기 힘들어 하는 이들도 많지만, 삭힌 정도가 덜한 것을 골라 한번 도전해보자. 한 번도 느껴보지 못한, 남도의 맛이 온몸에 퍼지는 경험을 하게 된다. 그것도 힘들다면 홍어를 작게 잘라 맛볼 수도 있다.

갈치조림

초원음식점 061-243-2234   p.100
명인집 061-245-8808
하당고기잡이 061-282-2092
선미식당 061-242-0254

옛부터 '갈치 만진 손을 헹군 물로 국을 끓여도 맛있다'라는 말이 있을 정도로 맛좋은 목포 갈치. 가을 갈치를 최고로 꼽는다. 10월경 먹갈치들이 산란기를 앞두고 있어 그렇다. 이때는 삼겹살보다 낫고, 은비늘은 황소 값보다 높다는 말이 전해진다.

목포는 구이보다 조림이 더 유명하다. 감자와 호박, 말린 고구마 줄기 등을 넣어 칼칼하고 자작하게 끓여낸 갈치조림만 있으면 밥 한 그릇은 게 눈 감추듯 없어진다.

생태와 동태를 넣은
청국장

목포 음식 중 가장 낯설고 놀라운 음식은 바로 청국장이다. 해산물이 풍부한 항구 도시여서 인지 청국장에 생태나 동태를 넣는다. 무 · 대파 · 양파 · 디포리(밴댕이) · 다시마 등을 우려낸 육수에 청국장을 풀어 생태나 동태를 넣어 끓여 낸다. 생태와 동태살을 넣어 부드럽고, 구수한 청국장 맛이 일품이다. 식당에 따라 청국장 생태탕, 청국장 동태탕이라고도 하고, 청국장 동태찌개라고도 한다.

종가집 061-242-7766   p.100
한일생태전문점 061-243-9040

꽃게무침

4

맛의 고장 목포에서도 가장 인기있는 음식 중 하나는 꽃
게무침이다. 꽃게하면 흔히 양념게장을 떠올리지만, 목포
의 꽃게무침은 그 격이 다르다. 꽃게살을 정성껏 발라내
붉은 양념에 버무려낸 꽃게무침은 입 안에서 사르르 녹는
다. 한번 맛보면 잊지 못하고 또 찾게 되는 음식이다.
식당마다 일년치 꽃게를 냉동 보관해 두고 있어 사계절 맛
볼 수 있다는 것이 언뜻 김장과도 비슷하다.
 여름철에도 냉동상태 꽃게를 녹여 쓰기 때문에 식중독 걱
정 없이 꽃게맛을 볼 수 있는 것도 큰 매력이다. 밥 위에
올려 먹어도 좋고, 큰 대접에 밥과 꽃게무침, 김가루, 참
기름을 살짝 더해 비벼먹는 맛도 일품이다.

세발낙지

5

목포에 한 번 가본 적 없어도 목포 세발낙지는 들어봤
을 것이다. 그 만큼 유명한 목포의 대표 식재료이다.
목포에 왔다면 산낙지, 연포탕, 낙지탕탕이, 갈낙탕,
호롱구이, 낙지초무침, 낙지구이 등 낙지 요리 하나 정
도는 꼭 맛보고 가자.
'갯벌속의 인삼'이라 불리는 낙지는, <자산어보>에 따
르면 "말라빠진 소에게 서너마리만 먹이면 곧 강한 힘
을 갖게 된다."고 할 만큼 고단백 영양식품이다. 비타
민 A와 C가 풍부한데, 비타민 C는 사과보다 20배나
많다. 목포 세발낙지는 가늘기 때문에 세(細)발 낙지라
한다. 낙지는 서해안과 남해안 일대에서 주로 잡히지만
세발낙지는 목포와 인근의 영암, 무안, 신안 등지에서
만 잡힌다.

못난이빵

목포의 5미(味) 만큼이나 큰 인기를 자랑한다. 찹쌀을 더한 밀가루 반죽으로 만드는 못난이 빵은 생김은 못났지만 맛은 경국지색이다. 흔한 팥소조차 없지만 막 튀겨낸 빵에 설탕가루를 살짝 더하면 달콤함과 쫄깃함, 고소한 맛이 끝내준다.

오색분식 061-245-0448   p.104

콩물

콩을 갈아만든 콩국을 콩물이라 한다. 흔히 콩물에 국수를 말아 콩국수로 먹지만 목포에서는 겨울에는 따뜻하게 여름에는 차갑게 해서 콩물을 먹는다. 큰 대접 가득 나오는 콩물은 속을 든든하고 편안하게 한다. 바쁜 아침 식사 대신으로도 좋고, 가벼운 요기에도 좋다.
식수가 귀했던 탓에 물 대신 먹었다는 설이 있고, 일제 강점기에 먹을 것이 없어 콩을 비지로 먹고 콩물로도 먹기 위해 콩물이 발달했다는 이야기도 있다.

유달콩물 061-244-5234   p.097
유달콩물 하당점 061-284-2349
김덕호 콩물 061-281-4432   p.168

쫄라

목포에서 맛볼 수 있는 일명 '떡 없는 떡볶이'이다. 떡볶이 양념에 라면과 쫄면, 어묵을 넣어 만드는 분식 메뉴로, 목포가 고향인 이들에게는 학창시절을 떠올리게 하는 대표 음식이다. 학교 근처의 분식집에서 맛볼 수 있는데, 정명여중고 근처의 서울분식이 가장 유명하다.

서울분식 061-242-1662   p.096

중깐 9

중화루 간짜장을 일컫는 '중깐'은 목포에서만 맛볼 수 있는 메뉴이다. 잘게 쓴 양파와 다진 고기를 넣어 만든 소스와 면이 따로 나오는데, 유니짜장과도 비슷하다. 소면보다는 굵고 납작하지만 일반 중면에 비해 얇고 부드러워 소스를 넣어 비비면 간이 속속 배인다. 짜장면 위에 계란 프라이를 올려주는 것도 독특하다.

중화루 061-244-6525		p.093
태동반점(태동식당) 061-243-3351		p.094

쑥꿀레 10

목포 사람들이 가장 좋아하는 간식 중 하나이다. 찹쌀가루에 쑥을 버무려 만든 경단에 꿀이나 조청을 뿌려 먹는 쑥꿀레를 독특하게도 목포에서는 떡집이 아니라 식당이나 분식점에서 흔하게 먹을 수 있다. 식당 상호가 된 '쑥꿀레'가 가장 오래되고 유명한 곳이다.
본래 경상도 음식으로 쑥구리, 꿀굴래, 쑥경단, 보물떡이라고도 불린다. 에피타이저 또는 식후 디저트로 안성맞춤이다. 경상도에서 목포로 시집 온 새댁이 선을 보인 이후로 목포에서 가장 사랑받는 음식이 되었다고 한다.

쑥꿀레 061-244-7912		p.105
쑥꿀레(평화광장점) 061-284-1956		
가락지 061-244-1969		p.092

민어회

목포하면 빼놓을 수 없는 것이 민어회이다. 비싸기로 유명한 민어를 맛보기 위해 목포를 찾는 이도 많다. 민어는 수심 40~120cm의 진흙바닥에 사는데, 신안과 서남해에서 많이 잡힌다. 생선 크기가 10kg이 넘는데 클수록 맛이 좋다.

목포 인근에서 잡힌 민어가 목포로 많이 들어오고 오랫동안 민어를 다뤄보고 요리한 식당들이 많아 목포항 근처 구도심에는 '민어의 거리'가 있다. 민어는 성질이 급해 살아있는 상태를 유지하기 힘들어 활어로 맛보기 쉽지 않다. 산란기인 6~9월이 제철인데 활어로 즐길 수 있는 가장 좋은 시기이다. 활어도 좋지만 민어는 선어로 먹을 때 더 맛이 좋다. 단백질이 분해되어 아미노산이 높아져 감칠맛을 자랑한다.

별미라 꼽히는 민어 껍질, 부레, 뱃살, 지느러미까지 맛볼 수 있다. 민어전도 일품이다. 허영만 화백은 '식객'에서 "부드러움은 여태껏 먹어본 생선전 중 최고봉"이라 평했다. 오거리를 지나 목포진 역사공원으로 향하는 길에 '민어의 거리'가 있다. 이정표가 있어 찾기 쉽다.

11

영란횟집 061-243-7311	p.095
만호유달횟집 061-279-6060	
석심횟집 061-000-0000	
쉼터식당 061-242-5665	

팥죽 & 팥칼국수 12

전라도 음식 중 빼놓을 수 없는 것이 바로 팥죽과 팥칼국수다. 겨울철 동지에나 먹는 음식이 아니라 일년 내내 언제든 먹을 수 있다. 그 정도로 좋아한다. 팥죽은 팥물에 새알심과 밥알을 넣어 끓이고, 팥칼국수는 새알심 대신 면을 넣는다. 목포에서는 팥죽 전문점이 아니라 분식점에서 팥죽과 팥칼국수를 파는 것이 특징인데, 전문점 못지않게 맛있다. 전라도 지방은 팥죽과 팥칼국수에 소금이 아니라 설탕을 넣어 먹는다. 설탕 한 스푼을 더해 나만의 달콤한 팥죽을 음미해보자.

가락지 061-244-1969	p.092
평화분식 061-242-8269	

무화과 13

목포에서 가장 많이 키우는 과실수 중 하나가 무화과다. 중부지방에서는 보기 힘들지만 따뜻한 기후인 목포에서는 9월 말부터 가게나 노점, 시장 등에서 흔하게 맛볼 수 있다. 가격도 저렴한 편이다. 목포역 앞의 노점상에도 가을이면 토종 무화과와 외래종 무화과가 가판에 가득하다. 쉽게 물러 수확 후 5일 이내에 먹는 것이 좋다. 냉동보관하면 조금 더 오래 먹을 수 있다.

📍 #Travel Story

목포시 지정 '명인'이 운영하는 식당

인동주 마을(인동초꽃게장) │ 061-284-4068 │ 복산길 12번길 5

명인집(갈치조림) │ 061-245-8808 │ 하당로 30번길 14

수담일식(굴비정식) │ 061-247-4700 │ 해양대학로 77

옥정한정식(궁중꽃게무침) │ 061-243-0012 │ 미항로 8

모정명가(가오리찜) │ 061-274-3456 │ 미항로 191

초원음식점(갈치조림) │ 061-243-2234 │ 번화로 37-6

영란횟집(민어회초무침) │ 061-244-0311 │ 번화로 47

돼지꿈(매운갈비낙지찜) │ 061-284-6811 │ 하당로 251

독천식당(낙지연포탕) │ 061-242-6528 │ 호남로 64번길 3-1

예향회정식(홍어전) │ 061-262-9595 │ 평화로 51

하당고기잡이(먹갈치조림) │ 282-2092 │ 복산길 52-1

목포의 대표 디저트 Best 4

1 못난이빵

2 코롬방제과
새우바게트 & 크림바게트

3 카페
아흐레 마카롱

4 남진 야시장
먹거리

추억이 되는 체험

어린이 바다 과학관

도자기 만들기 체험

해양박물관

유람선타기

카누 체험

돛배타기

유달산 자락의 동네와 목포항 근처 구도심은 오래된 거리의 정취를 지닌 빈티지 여행지이다. 일본 강점기 건물이 많이 남아있고 오랜 집들과 골목이 그대로 있어 주로 시대물 드라마와 영화가 많이 촬영되었다.

드라마 〈모래시계〉에서 여주인공인 윤혜린(고현정 분)의 집

이훈동 정원 : 드라마 〈모래시계〉, 〈야인시대〉

1990년대 폭발적인 인기를 얻은 드라마 〈모래시계〉. 광주 지역에서 암흑가에 발을 들이면서 카지노 사업에 뛰어드는 박태수(최민수 분)와 카지노계 대부의 딸 윤혜린의 사랑, 가난하지만 뛰어난 머리로 서울중앙지검 검사가 된 강우성(박상원 분)과 박태수와의 우정을 기본으로 1980년대 광주민주화운동, 삼청교육대 등의 현대사 굴곡을 현실감 있게 그려냈다. 시청률 60%가 넘었고 드라마 방영 시간에는 거리에 사람이 없을 정도여서 '귀가시계'라는 이름까지 붙었다. 드라마 〈야인시대〉에서도 김두한과 하야시 패가 싸우는 장면을 촬영했다.

드라마 〈야인시대〉에서 청년 김두한(안재모)과 하야시 패거리가 격투하는 장면

목포 근대역사관 별관

2002년에 방영된 드라마인 〈야인시대〉는 김두한의 일대기를 다루어 큰 인기를 얻었다. 김두한의 일제시대 활동 장면을 이곳 일대에서 촬영했다.

영화 〈목포는항구다〉 조재현이 차인표와 부하들에 의해 몸이 들린채 머리로 목포 시민의 종을 받는 장면

목포항 : 영화 〈목포는항구다〉

2002년에 개봉한 코미디 액션 영화이다. 목포의 조직폭력단에 잠입하기 위해 좌충우돌하는 서울 형사(조재현)와 조폭 두목(차인표)간의 이야기가 유쾌하게 펼쳐진다.

영화 〈목포는항구다〉 차인표와 조재현이 함께 달리며 우정을 나누던 장면

영화 〈목포는항구다〉 차인표와 조재현 등이 산책하는 장면

유달동 : 영화 〈헐리우드 키드의 생애〉

유달동 일원의 일본식 가옥이 여인숙촌으로 소개되었다. 1992년에 발표한 안정효의 원작 소설을
영화화한 작품. 초등학교 동창인 병석(최민수)과 명길(독고영재)이 헐리우드 영화에 빠져 지내던
시절을 추억하며, 이후 비극적인 삶을 살게 되는 병석을 지켜보는 명길의 성장 과정을 그렸다.

📍 #Travel Story

읽고 가면 더욱 좋은, 목포 배경 소설 《영란》

2010년 6월부터 3개월간 문학 웹진 〈뿔〉에 연재한 후 출간된 작가 공
선옥의 장편소설이다. 남편을 잃은 주인공 나는 남편 지인을 따라 목
포의 영란여관에서 머물게 된다. 유달산의 풍경, 항구 사람들과 정감
을 나누며 상처를 딛고 '나'에서 '영란'으로 다시 태어난다. 타인과의
소통으로 가족의 빈자리를 치유하는 긍정의 힘을 보여주는 따뜻한
이야기.

맛깔 나는 목포 사투리와 목포 옛 이야기가 펼쳐진다. 영란처럼 삶이
지치고 힘겨운 이들에게 목포는 위안의 도시가 되어준다. 소설에 가
장 많이 등장하는 유달산 자락을 천천히 걸으며 '영란'과 함께 힐링을
하면 어떨까? 여행의 좋은 친구가 될 것이다.

목포는 항구다

영산강 안개 속에 기적이 울고
삼학도 등대 아래 갈매기 우는
그리운 내 고향 목포는 항구다
목포는 항구다 이별의 부두

유달산 잔디밭에 놀던 옛날도
동백꽃 쓸어안고 울던 옛날도
흘러간 내 고향 목포는 항구다
목포는 항구다 똑딱선 운다

여수로 떠나갈까 제주로 갈까
비 오는 선창머리 돛대를 잡고
이별튼 내 고향 목포는 항구다
목포는 항구다 추억의 고향

목포의 눈물

사공의 뱃노래 가물거리며
삼학도 파도 깊이 스며드는데
부두의 새악씨 아롱 젖은 옷자락
이별의 눈물이냐 목포의 설움

삼백년 원한 품은 노적봉 밑에
임 자취 완연하다 애달픈 정조
유달산 바람도 영산강을 안으니
님 그려 우는 마음 목포의 설움

깊은 밤 조각달은 흘러가는데
어쩌다 옛 상처가 새로워진다.
못 오는 님이면 이 마음도 보낼 것을
항구에 맺은 절개 목포의 사랑

항구 도시 목포를 애틋한 추억의 장소로 만든 〈목포의 눈물〉
은 목포 사람들이 가장 사랑하는 노래 중 하나이다. 이난영
이 부른 이 노래는 식민지 시절 아픈 시련을 어루만져 주었기
에 그녀는 가수 이상의 의미를 지니는 존재가 되었다.
이난영은 1916년 목포 양동에서 태어났다. 본명은 이옥례
로, 집안이 어려워 목포공립보통학교(현 북교초등학교)를 중
퇴하였다. 조선면화주식회사에서 일하다 16세에 태양 극단
에 입단하였다. 1934년 오케레코드사의 전속 가수가 되어
손목인 작곡의 〈불사조(不死鳥)〉로 데뷔하였고, 1935년 〈목
포의 눈물〉을 발표하면서 최고의 인기 가수가 되었다.

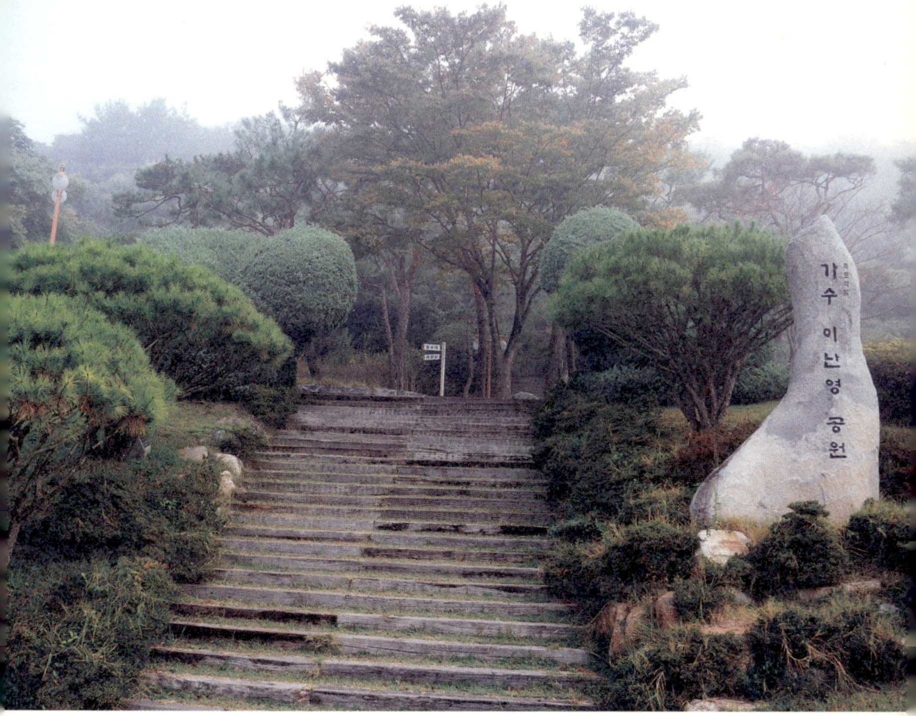
가수 이난영 공원

유명 작곡가 김해송과 결혼하고 그의 노래를 부르면서 활발하게 활동하였다. 1942년 고향 목포를 노래한 〈목포는 항구다〉 역시 큰 인기를 얻었다. 한국전쟁 이후 김해송의 실종으로 어려운 생활을 이어가다 미국으로 건너가 활동하기도 하였다. 1965년 서울에서 세상을 떠났으며 그녀의 묘를 파주 공원묘지에서 2006년 목포 삼학도로 옮기면서 난영 공원으로 조성되었다.

이난영 생가터
북교초등학교
유달산
목포의 눈물 노래비
삼학도 난영공원

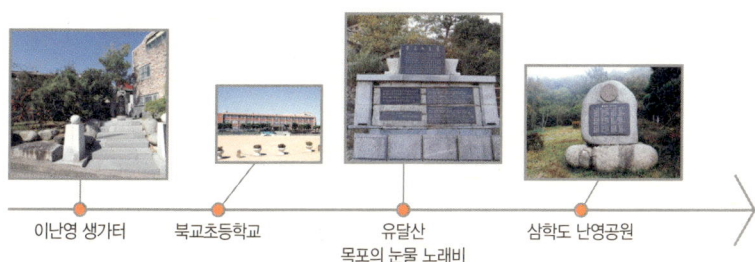

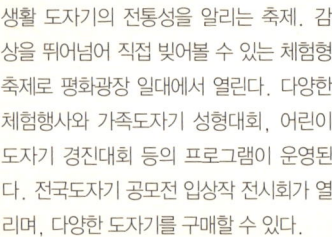

흥겨운 목포

크리스마스 트리 문화축제

매년 12월 초부터 다음해 1월 초까지 목포역 인근의 로데오 광장을 중심으로 열리는 테마형 축제. 소원트리, 점등식, 크리스마스 사진 콘테스트 등이 열린다.

목포 생활도자축제

생활 도자기의 전통성을 알리는 축제. 감상을 뛰어넘어 직접 빚어볼 수 있는 체험형 축제로 평화광장 일대에서 열린다. 다양한 체험행사와 가족도자기 성형대회, 어린이 도자기 경진대회 등의 프로그램이 운영된다. 전국도자기 공모전 입상작 전시회가 열리며, 다양한 도자기를 구매할 수 있다.

세계마당페스티벌

2001년부터 시작된 축제로 목포세계마당 페스티벌은 목포에서 마당극을 전문으로 하는 민간예술단체 극단갯돌이 운영한다. 목포의 구도심에서 전통장터와 같은 정감어린 분위기 속에서 흥과 정을 나누는 소통의 축제. 마임, 춤, 서커스, 마당극, 인형극, 탈놀이, 풍물놀이, 콘서트, 퍼포먼스 등의 프로그램으로 구성된다.

유달산 꽃축제

1996년에 시작되었다. 개나리, 벚꽃, 목련 등 다양한 유달산의 봄꽃을 만끽할 수 있는 축제다. 유달산 꽃길 걷기(수군행렬), 목포가요열전, 한복체험, 연날리기 체험 등의 프로그램이 운영된다.

숙박

게스트하우스는 숙박비가 저렴할 뿐만 아니라 친구도 만날 수 있는 여행자를 위한 공간이다. 목포에는 아직 게스트하우스가 손에 꼽을 정도로 드물지만, 구도심에 한옥을 리뉴얼한 게스트하우스가 하나 둘 문을 열고 있다. 유달산이 지척이고 근대문화역사거리, 목포역, 여객터미널, 정류장 등과 모두 가깝고 인근 섬이나 갓바위권, 삼학도 등으로 이동도 자유롭다. 목포는 호텔이나 게스트하우스보다는 여관, 모텔이 훨씬 많으며 목포역 건너 쪽에 많이 모여 있다. 시설이 좋은 호텔은 대부분 신도심인 평화광장 쪽에 있다.

혼자 먹는 '혼밥'도 OK!

혼자라고 맛여행을 포기할 수는 없다. 한상 가득한 남도밥상은 아니더라도 '혼밥'에 좋은 메뉴와 식당이 생각보다 많다. 백반도 가능한 곳이 있으니 맛있는 남도 음식으로 여행길을 채워보자.
《목포 여행 레시피》에 소개한 맛집들 중 2인분 이상 주문이라고 표기하지 않은 경우 1인분 식사가 가능하니 참고하자.

안전

나 홀로 여행객이 가장 주의해야할 것은 안전. 유달산 야경을 보기 위해, 혹은 일몰 촬영으로 늦은 시간까지 혼자 다닐 때는 특히 안전에 유의하자. 일부 여행지는 버스 운행이 드물어 미리 시간을 확인해야 한다. 어느 도시나 마찬가지지만 늦은 시간에는 콜택시를 이용하자.

여름 – 항구도시인 만큼 습도가 높다. 걸어서 다니는 주요 여행지도 그늘이 많지 않으니 모자, 선크림과 선글라스, 양산을 준비하자. 신발은 샌들보다 운동화가 편하다.

겨울 – 영하로 거의 내려가지 않고 평균 기온이 높아 눈 내린 풍광을 보기 어렵다. 대신 봄꽃이 빨리 피기 때문에 이른 봄을 만나려면 겨울에 목포를 찾아가자.

대중교통

버스

목포역과 목포종합버스터미널에서 주요 여행지로 가는 버스가 모두 있다. 다만 배차시간이 긴 편이고 버스 안내서비스가 없는 정류장이 많으니 미리 어플을 다운받거나 버스정보센터 http://bis.mokpo.go.kr 홈페이지를 이용하자. 역과 정류장 내에는 물품보관함이 있다.
《목포 여행 레시피》는 볼거리 마다 찾아가기 정보를 상세하게 안내해 두었으니 참고하자.

택시

도심 기본 요금은 2,800원이다. 주요 볼거리의 거리가 가까워 부담없이 이용할 수 있다. 3인 이상이라면 버스보다 택시가 더 효율적이다.

시티투어 http://tour.mokpo.go.kr

하루 만에 목포의 명소를 돌아보는 시티투어. 주간, 야간 2종류의 시티투어 코스를 운영하고 있다. 시티투어 이용객에게 자연사박물관 입장료 50% 할인과 근대역사관에서는 단체할인율 적용의 혜택이 있다.

초원여행사 061- 245-3088(09:00~18:00) ● 관광안내소 061- 270-8599

① 주간 시티투어

효율적인 여행을 원한다면 주간 시티투어를 신청해보자.
목포역(09:30) → 유달산 → 근대역사관 1관 → 목포진 → 근대역사관 2관 → 국도1·2호선 기점 기념비 → 근대역사관 2관(옛 동양척식주식회사) → 삼학도 → 점심(12:00~12:40) → 갓바위 해상보행교 → 갓바위 문화타운 → 서남권수산물유통센터 → 목포역(15:40)

어른 5,000원, 청소년 2,000원(현장 납부) ● 연중 운행 ● 화~일요일, 매일 1회 ● 목포역 09:30 출발, 목포역 15:40 도착

> **알아둬야 할 사항**
> ▶ 사전 예약제이며 출발 하루 전까지 예약 가능.(당일 좌석이 남았을 경우에는 예약 없이 탑승 가능)
>
> ▶ 출발 10분전까지 탑승하며, 이용료에 입장료, 여행자보험 미포함, 식사비 별도이다.
>
> ▶ 미성년자 10명 이상 예약 시에는 사전 고지해야 하며, 기상악화로 운행이 취소될 수 있다.

② 야경시티투어

늦은 밤 길 헤맬 걱정이 없다! 목포의 유명 야경지를 모두 돌아보는 효율적인 여행법.
목포역 출발 → 북항 회센터 → 빛의'거리 → 유달산 → 유달유원지 → 삼학도(무정차) → 갓바위 문화타운(자유여행) → 갓바위 해상보행교(자유 도보여행) → 춤추는 바다분수 → 만남의 폭포 → 목포역

어른 5,000원, 청소년 2,000원(현장 납부) ● 4~11월 운영(변동 가능) 4~5월 : 금, 토 19:00~22:10 6월 : 금, 토 19:30~22:40 7~8월 : 화, 수, 목, 금, 토 19:30~22:40 9~11월 : 금, 토 19:30~22:40 ● 목포역 출발, 도착

카 셰어링 'YOUCAR'로 목포 누비기

코레일에서 KTX 철도여행과 출장 이용객을 위해 제
공하는 렌터카 서비스인 유카YOUCAR

바다를 따라 멋진 목포의 이곳저곳을 다니고 멋진
낙조와 야경도 즐기고 싶다면 유카 서비스를 이용해
보자. 일행이 있다면 대중교통보다 저렴하게 여러 곳
을 누빌 수 있다.

일반 렌터카 업체보다 저렴한 가격이 장점이며 회원
특전도 다양하다.

유카 이용방법

① 최소 여행 열흘 전 유카 홈페이지에서(www.youcar.co.kr) 회원가입 후 운전면허, 결제카드를 등
　록한다.

② 가입 후 10일 이내에 배송된 유카 멤버십 카드를 홈페이지에 등록한다.

③ 홈페이지 또는 모바일 어플을 통해 날짜와 지역, 차종과 대여 장소를 검색해 예약가능 여부를 확
　인한 후 예약을 한다.

④ 대여와 반납 일시, 대여 장소와 차종, 차량 색상, 차량 번호를 정하고 총 대여금을 확인한 후 예약을
　마친다. 예약 완료 후 SMS와 이메일이 발송된다.

⑤ 유카 서비스는 무인 시스템으로 목포역 주차장에 마련된 유카존에서 해당 차량 번호를 확인하고
　운전자측 앞 유리에 부착된 RF카드 리더기에 멤버십 카드를 갖다 대면 문이 열린다.

⑥ 반납할 때는 다시 유카존 주차장에 차량을 정차하고 멤버십 카드를 갖다대면 문이 닫힌다.

이용시 기억할 사항

① 멤버십 카드로 문을 열고 닫음으로 꼭 카드를 챙긴다.

② 카드는 차를 여닫을 때 사용하며, 차량 시동 키는 핸들
　옆에 부착되어 있다. 이용하지 않을 때는 키를 꼭 빼고
　꺼짐을 확인한다.

③ 이용 중 주유를 할 때는 개인카드가 아닌 RF카드 리더
　기 안쪽에 꽂힌 유카 카드를 이용해 결제해야 한다. 이
　후 등록된 개인 카드에서 사용한 만큼의 주유비를 계산
　해 자동 결제처리 된다.

④ 총 결제금액은 대여요금+유류비+패널티 요금으로 차량 반납 완료 후 자동 결제된다.

⑤ 무인시스템으로 운영되기 때문에 차량을 대여하기 전에 외부를 꼼꼼히 점검 후에 이상이 있다면
　파손신고 후 이용하도록 하자.

근대 문화역사 거리

언덕 위에는 붉은 벽돌 건물이 위풍당당하게
서있고, 유달산 자락에는 일본식 집과 우리나
라식이 절충된 오랜 주택들이 골목을 지키는
곳. 길을 따라 걸으면 지난 100년의 시간이 하
나 둘 우리 앞에 펼쳐진다.

근대문화역사거리

이난영
생가터 동상

난영길

버스정류장

북교초등학교

버스정류장

양동교회

유달산 조각공원

난전사관

북교동성당

반딧불 작은도서관

신협

가락지

남교소극장

유달산
일주도로

마인계터로

목포 문화의 집

목포시사

유달산

달성사

버스정류장

서울분식

버스정류장

목포정명여자
중학교

선교사 사택

호남로

중앙식료시장

독천식당

남도먹거리거리

버스정류장

KT사거리

남교 트윈스타

목원동 주민센터

카페 폴링

유달콩물

버스정류장
(남진야시장 행)

쑥꿀레

동키스

우리은행

버스정류장
(고하도 행)

브릭레인

목포역

목포1935

메가박스

냥만목포

카페 2015

역전 파출소

춤추는커피

노라미술관

소울오아시스

갓바위권/삼학도
버스정류장

정광
정혜원

태동식당

중화루

해남해장국

종가집

동원본사 별원

코롬방제과

옛호남은행(목포문화원)

오 거 리

버스정류장

동명동 77계단

노적봉

메리그레이스

YMCA

달성사

노적봉

이훈동정원

성옥기념관

행복이 가득한 집

유달초등학교
(심상학교 강당)

목포여자중학교

경동성당

보리마당

온금동마을

카페치노

오거리

YMCA

멧호남은행(목포문화원)

메리그레이스

목포근대역사관 본관

기업은행

로원표

초원 실버타운

유달동사거리

동명동 77계단

목포종합수산시장

마리나베이 호텔

목포요양병원

초원식당

민어의 거리

영란횟집

목포근대역사관
별관

대청

목포진 역사공원

목포
상공회의소

장터식당

행동시장

목포요트마리나

삼학도공원

목포어린이
바다과학관

제주식당

목포항

여객터미널

북항

노들공원

북항선착장

버스정류장
(목포역 행)

북항

목포서부
초등학교

홍일고등학교

북교초등학교

덕인고등학교

혜인여자고등학교

유달산
조각공원

목포해양대학교

대반동

유달산

달성사

유달우원지

유달산 낙조대

신안비치호텔

고하도용머리

근대 문화역사 거리

근대 문화역사 거리

'목포는 항구다'

이난영의 노래 제목처럼, 목포하면 가장 먼저 떠오르는 이미지가 '항구'다. 일제에 의해 부산항과 인천항이 강제 개항된 데 비해, 목포는 고종의 칙령으로 1897년 10월에 개항하였다. 개항 100년을 넘긴 오랜 항구 도시 목포. 그러나 근대 목포의 앞길은 순탄치 않았다. 서구 열강이 첨예하게 대립하던 시절이라 자주적인 개항이 무색하게 양지바른 언덕에 일본 영사관이 들어서고 각국 공동거류지가 조성되는 등 도심 전체가 외세에 의해 개발이 이루어졌다.

목포 여행의 시작이자 중심인 근대 문화역사 거리는 일본인 마을과 조선인 마을의 경계이자 이정표 역할을 하던 오거리를 중심으로 한다. 무안동에 위치한 오거리는, 일본인 마을, 조선인 마을, 유달산, 목포역, 선창가 다섯 곳으로 통하는 교차로 '오거리'를 일컫는데, 개항 이후 목포의 중심지였다. 오거리 동남쪽의 유달동, 대의동, 중앙동, 서산동, 만호동 일대에 신시가지가 조성되면서 일본인 마을이 형성되었고, 조선인들은 유달산 기슭의 척박한 동네인 북교, 죽교동 등에 터를 잡았다.

광복 이후에도 목포 시청을 중심으로 주요 기관이 있고, 극장, 제과점, 다방, 서점, 악기점 등이 있어 젊은이들과 문화예술인들이 모였다. 남도 화단의 대표인 허농 남건, 극작가 차범석, 제주도 피난길에 올랐던 이중섭, 시인 김지하 등 많은 예술가들이 오거리 다방에서 예술을 꽃피웠다. 그러나 신시가지가 조성되고, 시청이 이전하면서 구도심 오거리는 점차 추억의 거리가 되었다.

지금은 도로 구획은 물론이고 주요 건물들이 100년 전 모습을 그대로 간직한 역사의 현장이라는 가치를 인정받아 오거리를 중심으로 근대 문화역사 거리가 정비되었다. 조선시대 목포진 터와 일본 영사관, 동양척식회사 목포지점, 일본식 사찰 동본원사 별원 등 근대 유적들이 잘 남아 있어 많은 여행자들이 찾고 있다.

🚗 어떻게 갈까?

오거리 ● 목포역에서 도보로 5분 정도. 역 앞 교차로를 지나 영산로를 따라 100여 미터 직진. 우회전해서 노적봉길을 따라 100여 미터 직진.

근대역사관 본관(옛 일본 영사관) ● 목포역에서 도보로 10분 정도. 역 앞 교차로를 지나 영산로를 따라 500여 미터 직진. 초원실버타운에서 여객터미널 방향으로 우회전하여 165미터 가면 유달동 사거리의 오른쪽 언덕 위.

근대역사관 별관 ● 근대역사관 본관에서 여객터미널 방향. 유달동 사거리에서 약 150미터 거리.

이훈동 정원 ● 유달동 사거리에서 유달초등학교 방향으로 가다보면 오른쪽에 성옥기념관이 있고, 이훈동 정원은 기념관 뒤편의 주택 정원이다.

마치 시간을 100년 전으로 되돌린 듯, 붉은 벽돌의 일본식 건물과 일본식 주택들이 늘어선 거리는 이국적인 느낌까지 준다. 그래서 목포 여행은 시간 여행이 된다. 또한 점처럼 펼쳐진 섬들을 잇는 배와 항구, 신선한 바다 먹거리가 가득한 어시장이 있어 항구 여행이기도 하다.

1 일본 영사관, 동양척식회사 목포지점, 최초의 근대학교 등을 돌아보는 근대 여행 코스이다. 사연도 곡절도 많았던 건물을 돌아보며 100년 전 시대를 체험해 보자. 아는 만큼 보인다고, 목포 여행의 즐거움을 만끽하기 위해서는 목포의 간단한 역사 알기는 필수.

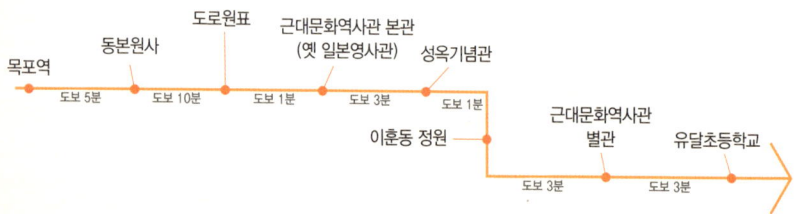

목포역 — 도보 5분 — 동본원사 — 도보 10분 — 도로원표 — 도보 1분 — 근대문화역사관 본관(옛 일본영사관) — 도보 3분 — 성옥기념관 — 도보 1분 — 이훈동 정원 — 도보 3분 — 근대문화역사관 별관 — 도보 3분 — 유달초등학교

2 호남지역 최초 근대 학교와 교회였던 정명여중고와 북교초등학교, 양동교회의 근대 건물을 돌아보는 코스.

목포역 — 도보 13분 — 정명여자중고등학교 — 도보 5분 — 양동교회 — 도보 2분 — 북교초등학교 — 도보 5분 — 남교소극장 — 도보 2분 — 젊음의 거리

 목포의 진면목을 느껴볼 수 있는 항구와 풍부한 먹거리가 가득한 어시장을 함께 돌아보는 코스.

목포역 ──(도보 5분)── 목포문화원 ──(도보3분)── 오거리 ──(도보5분)── 종합수산시장 ──(도보 2분)── 목포항 ──(도보2분)── 항동시장

#Travel Tips

❶ 근대 문화역사 거리는 걸어서 돌아볼 수 있다. 일행이 있다면 버스보다 택시가 경제적이다.

❷ 목포역은 목포 여행의 출발점이다. 평화광장, 고하도, 삼학도 등 목포의 주요 포인트로 연결되는 버스가 출발하니 여행 코스를 미리 짜서 알찬 여행을 시작하자.

❸ 유명 맛집이나 카페 등은 목포역 인근의 구도심에 위치해 있다.

❹ 다른 지역에 비해 게스트하우스 등의 숙박시설이 많지 않다. 특히 구도심 쪽에는 오래된 숙소들이 많으니 미리 숙박을 정해두는 것이 좋다.

유달산 남쪽 아래 반듯한
일본인 마을

목포항에서 쭉 뻗은 길을 따라 걷다보면 언덕 위의 붉은 벽돌 건물을 중심으로 반듯한 동네가 형성되어 있다. 옛 일본 영사관은 개항 이후 목포의 역사를 말해주는 상징적인 건물이자 근대 건축물로서 의미도 크다.

개항 후 각국의 상인들이 토지를 매수하고, 거류지를 형성할 수 있는 각국 거류지를 두었지만, 1905년 이후 일본인의 수가 많아지면서 이곳은 일본인 전관거류지와 다를 바가 없는 공간으로 변해 갔다. 일본인들은 토지가 부족한 목포진 주변의 땅을 사들이고 개간하여 신시가지를 개발하였다. 일본영사관 앞을 중심으로 해안을 향하여 상가, 주택, 공장, 창고가 들어서면서 일본인 마을을 형성하였다. 이후 해안 매립이 진행되면서 무안 가도를 향해 동쪽으로 도시가 확장되어 1930년대 전성기를 맞이하게 된다.

당시 후쿠오카와 나가사키 등지에서 이주한 일본인들은 상하수도 시설을 갖추고, 반듯한 도로를 개설하는 등 은행, 학교, 병원, 시장 등 근대 시설과 기관을 갖춘 신도시를 만들어 갔다. 반면 마땅히 거주할 땅이 없던 우리나라 사람들은 유달산 북쪽 자락에 터를 잡았는데 상하수도 시설과 위생설비가 전혀 없는 전형적인 불량 주거지였다.

옛 동양척식회사 목포지점

근대역사관 별관

목포시 번화로 18 ● 061-270-8728 ● 09:00~18:00(화~일요일) ● 1월 1일, 매주 월요일(월요일이 공휴일인 경우 그 다음날) 휴무 ● 무료 입장 ● 주차 가능

목포항에서 쭉 뻗은 중앙로로 가다 보면 육중한 대리석 건물을 만나게 된다. 옛 동양척식주식회사 목포지점 건물이다. 일제강점기 수탈의 상징 같은 건물로, 토지와 농산물 등 경제수탈을 위해 세운 국책회사이자 착취기관으로 악명 높았다. 전국 9곳에 지점이 세워졌으나 현재 부산지점과 목포지점만 남아 있다. 건물 규모나 보존 면에서 목포지점 건물이 더 높은 평가를 받고 있다. 현재는 근대역사관 별관으로 쓰이고 있다. 건물은 신고전주의 양식으로 외관의 보존 상태가 매우 뛰어나다. 옛 시절이 고스란히 느껴질 정도로 잘 보존되어

오히려 스산한 기분이 든다. 1층에는 일제 강점기 당시의 목포 사진이 전시되어 있다. 목포항 전경과 유달산 주변의 주택가 모습, 일인들이 활보하는 거리 모습을 사진으로나마 확인해 볼 수 있다.

지금은 사라진 십팔은행, 조선식상은행, 조선은행 등 금융기관 지점과 백화점, 극장 등 금융·무역업으로 번성했던 목포의 모습도 보인다. 별실엔 차마 보기 힘든 일제 만행 사진이 따로 전시돼 있다. 관람을 원하는 경우만 공개된다. 2층에는 조선 왕조 최후의 모습과 일제 침략 사진이 걸려있다. 눈길을 끄는 것은 1층 계단 옆에 설치된 대형 금고이다. 철문이 달린 방인데, 광복 이후 해군 헌병대 유치장으로 쓰기도 했다고 한다.

목포를 지켜라
목포진 역사공원

목포시 만호동 1-56●목포시 문화관광 061-270-8430●연중 무휴●무료
입장●주차 가능

만호동에 위치한 목포진 역사공원은 역사에 관심있는 이들
이 첫 번째로 찾는 곳이다. 예부터 군사요충지인 목포의 수
군 진영이 있던 터이다. 목포진의 시작은 1439년 세종 21
년이다. 목포영, 목포대라고도 불리며 종 4품의 무관 만호
萬戶가 배치되었다고 해서 만호영, 만호진, 만호청이라고
한다. 목포진의 우두머리가 만호였기 때문에 만호진(萬戶
鎭), 오늘날 동네 이름도 만호동이다.

수군진에는 군량과 군기를 쌓아 두고, 평상시에는 병선의
기항지 및 보급처 역할을 수행했던 것으로 보인다. 이곳에
성을 조성한 것은 1502년(연산군 8년) 때의 일로, 고종21
년(1895년)에 폐지될 때까지 서남해의 바닷길을 지키고,
영산강으로 올라가는 배들을 보호·관리하는 역할을 하였
다. 개항 당시에는 청사의 일부가 남아 무안감리서·일본
영사관·해관으로 쓰다가 일제 강점기에는 주변이 영국 영
사관 기지로 편입되는 등 곡절 많은 세월을 보냈다.

광복 이후에 민가가 들어서면서 민기의 단장이나 축대를
쌓는데 당시 성돌을 가져다 쓴 것으로 추정된다.
'목포진 유적비(木浦鎭遺蹟碑)' 만이 자리를 지키고 있었
으나 목포시가 120년 만에 복원을 진행하여 2015년 목
포진 역사공원으로 조성하였다. 고증을 거쳐 객사를 복원
하고 내삼문, 홍살문, 전통담 등을 설치하였다. 객사 주
변에는 기존의 옛 석축돌을 최대한 활용하여 전통 석축
쌓기 방식인 막돌 바른층 쌓기 방식으로 석축을 쌓았다.
역사공원에 오르면 삼학도와 목포항, 섬을 오가는 배들이
한눈에 들어온다. 탁 트인 전망을 눈에 담으며 시원한 바
닷바람을 쐬고 쉬어가기에 더 없이 좋다.

호남의 가장 큰 일본식 정원
이훈동 정원

목포시 영산로 11 성옥기념관 뒤편 ● www.
sungok.or.kr ● 061-244-2527 ● 09:00~12:00,
13:00~17:00 ● 무료 관람(단, 성옥기념관에 들러 안
내데스크에 관람 문의 후 방문 가능) ● 월요일 휴무
● 주차 가능

사계절 어느 때 찾아도 이색적인 풍경을 자랑하는 이훈동 정원. 여행객에게 비밀의 정원처럼 신비롭게 느껴진다. 특히 산자락 경사면을 따라 꽃과 나무가 어우러진 길을 오르며 보는 풍광이 아름답다.

이 정원은 1930년대 일본인이 서원 양식의 저택을 지으며 시작되었다. 이후 해남 출신의 박기배 전 국회의원 소유였다가 1950년부터 이훈동 선생의 소유로 바뀌었고, 현재는 후손이 관리하고 있다. 1988년에 전라남도 문화재자료 제165호로 지정되었다.

전형적인 일본식 정원으로, 일본식 석등과 석탑이 정원 곳곳에 놓여있다. 입구 정원, 안뜰 정원, 임천 정원, 후원으로 크게 볼 수 있는데, 정문에서 현관에 이르는 입구 정원에는 길 양편에 꽝꽝나무와 향나무, 종려나무, 은테사철나무, 배롱나무 등을 심어 마치 식물원에 들어선 것 같다.

잔디와 후박나무, 종가시 나무, 후피향나무가 심어진 안뜰 정원은 햇살을 가득 품고 있다. 삼나무, 편백나무, 다매화나무가 가득 심어진 임천정원에는 작은 시

냇물이 흐르고, 비탈면의 다양한 나무가 후원과 어우러져 비밀스런 분위기를 자아낸다. 드라마 〈모래시계〉와 〈야인시대〉 등을 촬영한 곳으로도 유명하다. 이훈동 정원에는 38종의 한국 야생종과 37종의 일본종, 26종의 중국종 이외의 13종에 이르는 나무가 심어져 있다. 정원이 유달산 남동쪽 기슭에 위치해 오포대에서 내려다 보인다. 성옥기념관과 이웃해 있어 함께 둘러볼 수 있다.

📍 #Travel Tips

이훈동 정원과 이웃한
성옥기념관

조선내화(주)의 창업자이자 전남일보 발행인인 성옥 이훈동(聲玉 李勳東) 선생을 기린 기념관이다. 88세 미수(米壽)를 기려 2004년 후손들이 개관하였다. 4개의 전시실에는 성옥 선생이 모아온 근·현대 서예 대가의 작품과 한국화, 도자기 등이 전시되어 있다. 유달산 산책로와 연결되어 있어 쉬어가며 관람하기에 좋다.

聲玉記念館

대한민국 국도의 시작점
목포 도로원표

목포시 영산로29번길 6 근대문화역사관
본관 앞●주차 불가

우리나라 1번, 2번 국도의 시작점
이 바로 목포이다. 근대역사관 본
관이 있는 언덕의 계단을 내려오
면 돌로 크게 이정표를 해둔 것이
보이는 데, 바로 이것이 '도로원
표'이다. 현재 목포시 대의동에 위
치해 있다.

1번 국도는 이곳에서 시작해 서
울, 신의주까지 이어지고, 2번 국
도는 부산까지 이어진다. 우리나
라 국도 번호는 남북을 잇는 경우
홀수, 동서를 잇는 도로에 짝수를
부여하는데 1, 2번 국도 번호에서
부터 유래하였다.

국도, 즉 신작로는 일본인들이 전쟁 물자를 옮기기 위해
1904년부터 3년 동안 건설되었다. 8~10m 폭으로 쌀,
소금, 군 물자의 운반과 이동은 물론이고, 동학농민군 등
일본 저항세력을 소탕하기 위한 목적도 있었다.

1번 국도 건설에 중국인 노동자들도 많이 노역하였고, 2번
국도 건설에는 동학농민운동에 참여한 선조들이 강제 동원
되었다.

최승희가 개관 기념 공연한

심상학교 강당(현 유달초등학교 강당)

목포시 영산로 10번길 10 ● http://mokpoyudal.es.jne.kr ● 061-244-0407 ● 인근 주차 가능

목포에 남은 유일한 일제강점기 초등학교 강당 건물로, 현재는 유달초등학교 강당으로 쓰이고 있다. 개항 다음해 개교한 심상소학교는 동양척식회사 건물과는 불과 170여 미터 거리이다. 지금의 건물은 1929년 벽돌 구조로 지상 2층인데, 당시 세계적인 무용가 최승희가 개관 기념 공연을 하였다. 많은 일본인들이 공연을 보러 왔으나 조선인은 출입할 수 없었다고 한다.

이 건물은 2002년 5월 문화재청의 등록문화재 제30호에 등재되었다. 정면과 왼쪽 외벽에 두가지 색의 타일로 마감하고, 하단에 1.5미터 높이 석재로 마감한 것이 특징이다. 2층의 폭이 좁은 아치창도 눈길을 끈다. 지붕은 목조 트러스로, 우진각형이며 함석으로 마감되었고, 천장은 격자의 판재 마감이다.

유달초등학교에는 또 다른 명물이 있는데, 바로 박제된 한국 호랑이다. 1908년 한 농부가 영광 불갑산에서 잡은 암컷 호랑이로, 일본인 하라꾸지 쇼지가 구입하여 심상학교에 기증하였다.

당시 논 50마지기 값이었다고 한다. 100여 년 동안 유달초등학교에 전시되어 학교의 상징이자 목포의 보물로 사랑받았다. 방문 허가를 받은 후 들어갈 수 있고, 강당은 외관만 둘러볼 수 있다.

일본영사관

목포 근대역사관 본관 국가사적 289호

목포시 영산로 29번길 6 ● 061-242-0340 ● 09:00~18:00 ● 월요일 휴관 ●
어른 2,000원. 청소년 1,000원 ● 주차 불가

옛 동양척식회사 목포지점에서 얼마 떨어지지 않은 언덕에
자리해 멀리서도 한눈에 들어온다. 일본인 거주지 내에 있던
이 건물은 신고전주의 양식으로 당시 외관을 잘 간직하고 있
어 대한민국의 사적 제289호로 지정되었다. 목포에서 가장
오래된 근대 건축물이자 최고의 서양식 건축물이다. 화려한
르네상스 양식의 붉은 벽돌 2층 건물은 감탄과 탄식을 동시
에 불러일으킨다.
1897년 목포항이 개항되고, 다음해 일본 영사관이 들어섰
다. 만호청(목포진)을 점유해 쓰다가 유달산 언덕에 부대시
설인 경찰서, 우편국과 함께 1900년에 건물이 완공되었다.
건물 곳곳에는 일본어, 일본을 상징하는 문양이 새겨져있

다. 먼저 건물 중앙의 위쪽에 일
본 왕실 상징인 국화 문양이 있
고 양측 벽면에는 일장기를 형상
화한 벽돌이 배치되어 있다. 아
치형 창틀에도 욱일승천기 문양
이 뚜렷하고, 출입구 창틀에 벚
꽃, 내부 벽난로에 국화 문양 등
일본색이 강하게 드러나 있다.
한편 외관 곳곳에는 6. 25 전쟁
의 포탄 자국도 남아있어 새삼
이 건물의 역사성을 느끼게 된
다. 1947년부터 시청으로 사
용하다가 1974년 이후 목포문
화원으로, 도서관으로 쓰다가
2014년 3월 1일에 목포근대역
사관 본관으로 개관하였다. 역
사전시관으로 개항기, 일제강점

기 수탈, 1919년 4.8만세 운동 등 목포의 근대사를 보여준다.

당시 목포역과 목포 도심의 거리 모형과 건물 모형 등이 전시되어 있는데, 정교하게 만들어져 100년의 모습을 그려볼 수 있다. 또한 만세 운동 당시 학생들이 입었던 교복과 모자, 안경 등을 비치해 두어 독립운동 체험도 할 수 있다.

1929년 제작된 라틴어 미사 경본과 조선면화 공장에서 사용했던 조면기 등의 유물도 눈길을 끈다.

본관 뒤편에는 일본인들이 뚫어놓은 방공호가 남아있다. 2차 세계대전 당시 미국의 폭격에 대비해 유달산 노적봉에 만든 것으로, 높이와 폭이 2미터 가량이고, 총 길이 82미터인 미로형 요새이다. 입구에 들어서면 공습을 알리는 사이렌이 울리고, 안쪽엔 굴을 파기 위해 강제 동원된 조선인의 모습을 실물 크기로 재현해 놓았다. 들어서면 입구부터 차가운 공기가 훅 끼쳐온다. 방공호 옆에는 참배를 하던 봉안전이 있었으나 1996년에 철거되었다.

목포 추억의 1번지
오거리

다섯 갈래로 난 길, 오거리는 유달동을 중심으로
한 일본인 거주지와 북교동, 죽교동을 중심으로 한
조선인 거주지 경계지역으로, 동본원사를 중심으
로 한 거리를 일컫는다. 경계에 있어 상권이 발달
하여 옛 화신백화점(김영자 화실), 갑자옥 모자점
을 비롯한 일본식 건물들이 곳곳에 남아 있다. 특
히 갑자옥 모자점 일대는 혼마치(本町)라 불리던
일본인 마을의 번화가였다.

또한 오거리는 쌍벽이라 불리던 목포극장과 평화극장이 위치해 일제강점기 목포의 문화예술 중심 공간이었다. 목포극장은 르네상스식 건물로 지어졌는데, 서울 단성사, 광주극장과 함께 조선인 자본가의 소유였기에 조선인들이 많이 찾았다. 반면 평화극장은 일본인들이 찾는 곳으로, 최승희, 홍난파의 공연도 이곳에서 열렸다.

오거리 일대에 한때 목포의 '주먹'들이 활개를 치기도 했다. 지금은 예술인이 모이던 오래된 다방과 탁주와 홍어를 파는 작은 식당들이 있고, 패션숍들이 모여 있다.

독립을 위한 은행

옛 호남은행(현 목포문화원)

목포시 해안로 249번길 34 ● 061-244-0044 ●
주차 가능

일본은행에 맞서 1920년에 설립된 순수 민족계 은행이다. 1929년에 지금의 자리에 2층 건물을 짓고 자리를 옮겼다.

2층 외부는 러시아산 붉은색 벽돌로 마감하고, 정면 중앙부와 양쪽 측면부에 짧은 포치와 수직으로 된 창 등은 근대 금융 건축물의 전형적인 특징이다.

1942년 일본 동일은행에 합병되었고 동일은행이 한성은행과 합병되고, 한성은행이 조흥은행으로, 다시 신한은행에 합병되었다. 현재 신한은행 소유, 목포시장 관리하에 1층은 목포문화원으로 사용하고 있다. 내부는 여러 차례의 개보수로 원형을 찾기 어렵다고 한다. 목포에 남은 유일한 근대 은행 건물로 가치가 높은 근대 문화유산이다. 관람 공간이 아니어서 외관만 둘러볼 수 있다.

민족운동의 산실

남교소극장(옛 목포 청년회관)

목포시 차범석길 35번길 6-1●주차 가능

낡은 골목길에서 만난 '남교소극장'. 반듯한 석조건물이 예사롭지 않다. 이 건물은 1925년에 목포 시민들의 모금으로 지어진 청년회관이다.

일제강점기 당시 목포 청년들의 항일 운동 산실이자 '조선청년' 잡지를 발행하던 곳으로, 소중한 문화유산이다. 힘든 시기에 지어진 건물이라 외관 장식은 거의 없고 기능에 충실하게 반듯하게 지어졌다.

임마누엘 목포제일교회로 사용하였고, 2002년 등록문화재로 지정되었다. 2011년에 리모델링하여 현재는 남교소극장으로 사용하고 있다. 공연 관람시 내부 입장이 가능하다.

비 내리는 호남선

목포역

목포시 영산로 98●1544-7788

1913년 5월 15일 목포-학교(현재 함평) 구간이 개통되면서 보통역으로 설립되었다. 노래가사처럼 '비 내리는 호남선'의 마지막 역으로 우리나라 최서단에 위치한 역사다. 목포 여행의 시작점이자 문화역사거리 도보 여행의 출발지이다. 오거리, 유달산, 일본인 마을 등 목포의 주요 여행지와 인접해 있고, 노선버스가 많아 뚜벅이 여행객이라면 꼭 기억해둬야 하는 곳이다.

1980년 광주 민주화 운동 당시 목포에도 많은 학생들이 궐기하였는데, 목포역은 그 중심이었다.

불과 몇 년 전까지 목포역과 삼학도를 잇는 분기노선 철길이 있어 사진작가들의 인기 출사지였다. 현재는 삼학도 원형복구 사업으로 철길이 철거되고 일반 도로가 되었다.

별난 사연의 현 오거리문화센터

옛 동본원사 목포별원 www.mpcf.or.kr

목포시 영산로75번길 5(무안동), 코롬방제과 옆 ● 무료 입장 ● 061-245-8833 ● 09:00~18:00 ● 월요일, 일요일, 공휴일 휴무 ● 공용 주차장 이용

목포에서 가장 이색적인 역사를 가진 건물 중 하나이다. 외관은 전형적인 일본식 사찰 건물로, 개항 이후 가장 먼저 목포에 진출한 일본 동본원사의 목포 별원이다. 광복 이후에는 교회로 사용된, 별난 사연의 건물이다. 1898년 4월, 일본 영사관 인근에 개원했으나 1905년 현재의 위치로 이전하였고, 현재의 석조 건물은 일본인들의 기록에 따르면 1930년대 후반에 지어졌다. 전형적인 일본식 건축양식으로, 긴 장방형으로 전면 중앙에 진입부를 덧붙이고, 뒷면 좌측에 부속실을 연결하였다. 지붕은 일본식 암기와를 얹은 팔작지붕으로, 가파른 경사면과 일직선의 처마가 특징이다. 출입구 돌출부는 처마보다 낮게 처리하고, 일본 특유의 반원형 장식 지붕을 더하였다. 내부 천장은 격자 띠의 우물모양이다.

벽체는 화강암으로 정교하게 쌓고, 모서리는 목조처럼 원형으로 다듬었다. 일본인들이 떠나기 전이 건물 지하에 보물을 숨겼다는 설이 나돌기도 하였다. 광복 이후에는 정광사의 관리를 받다가 1957년 목포중앙교회가 인수하여 불상 대신 십자가를 놓게 되었다. 2010년부터는 오거리문화센터로 개관하여 각종 문화행사 및 전시회 공간으로 쓰고 있다.

푸짐한 먹거리가 있는 남교동 먹자골목

중앙식료시장

목포시 남교동 88 ● 061-244-1555 ● 주차 가능

먹거리 풍부한 목포에서도 오랜 세월 시민들의 사랑을 받아온 시장은 어디일까? 넉넉한 인심과 푸짐한 맛을 자랑하는 중앙식료시장으로 가보자. 목포에서 가장 큰 규모여서 중앙시장이라는 이름보다 큰시장으로 불렸다.

1960년에 도로변 노점으로 시작하였고, 시영시장(건물841㎡)을 상인에게 분양한 것이 모체가 되었다. 인근에 31층 주상복합 건물이 들어서면서 시장을 북항 쪽으로 옮겼고, 중앙식료시장과 먹자골목이 그 명맥을 이어가고 있다.

50여 년의 역사를 자랑하는 이 시장에는 2, 3대를 잇는 점포가 많고, 관혼상제 음식을 취급하는 곳이 주를 이룬다. 2015년부터 목원음식문화축제가 이곳에서 열리고 있다.

목포는 항구다
목포항

목포시 해안로148번길 14 ● 061-240-6060 ● 주차 가능

고려시대부터 개성 상인들이 일본으로 가는 배를 타던 중간 기착지였고, 1439년에는 목포진이 설치, 1897년(고종 31년)에 개항하여 100주년이 넘은 유서 깊은 항이다.

지리적 입지가 뛰어나 일제강점 시기에 더욱 번성하였다. 나가사키와 상하이의 중간 지점에 위치해 열강들의 관심이 집중되었고, 개항 이후 해관이 설치되는 등 목포항을 중심으로 목포는 발전하였다. 일제강점 시기에는 목포항을 통해 일본산 면화가 주로 수입되었다.

목포항은 현재 만호동에 위치한 본항과 유달산 북쪽편의 북항이 있다. 본항은 여객부두로, 제주도를 비롯한 서남단의 60여 개 섬을

오가는 배편이 있다.

북항은 화물부두 역할을 하고 있다. 여객부두 인근에는 횟집과 매운탕 등 해산물을 맛볼 수 있는 식당가가 있다.

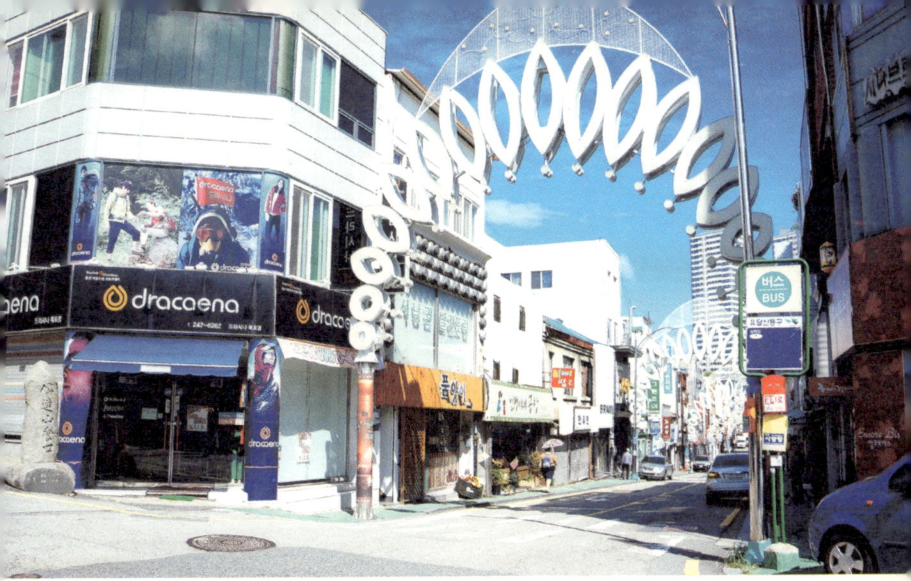

반짝반짝 빛나는 빛의 거리

젊음의 거리

목포시 영산로 98, 목포역 인근

목포역 맞은편의 도로를 건너면 젊음의 거리로 이어진다. 목포 원도심의 다양한 볼거리가 많고 의류점, 잡화점 등 쇼핑과 식당, 카페가 늘어서 있다.

특히 루미나리에가 설치되어 밤이면 화려한 불빛이 거리를 수놓는다. 목포극장과 평화극장, 코롬방 제과 등 목포의 오래된 문화공간과 맛집이 있어 젊은이들로 늘 붐비던 거리다. 지금은 신시가지가 생겨 예전만 못하지만, 맛있는 음식과 숙소가 있어 여행객은 꼭 들르는 거리이다.

목포극장과 구 평화극장 주변은 모형과 장식품 등을 루미나리에로 장식해 특히 볼만하다. 크리스마스에는 목포 크리스마스트리 문화축제가 열린다.

Travel Story

사랑을 나누는 크리스마스트리 문화축제

로데오 광장을 중심으로 젊음의 거리 일대에는 매년 12월 초부터 다음해 1월 초까지 축제가 벌어진다. 가족과 연인, 친구에게 받고 싶은 선물과 추억을 적는 소원트리, 점등식, 크리스마스 사진 콘테스트 등이 열린다. 행사장 일대의 상가에는 할인 행사도 있다.

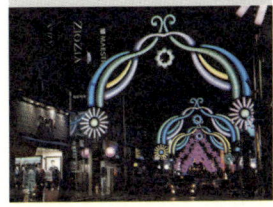

작지만 어민들의 먹거리 시장
항동시장

목포시 목포진길11번길 11 ● 061-247-8272 ● 주차 가능

목포항 여객터미널 인근에 위치한 항동시장. 섬사람들이 섬에서 구하기 어려운 공산품을 사고, 섬에서 수확한 작물을 내다 팔던 곳으로 문전성시를 이루었다. 지금은 예전만 못하지만 신선한 회와 먹거리가 있어 여전히 많은 이들이 찾고 있다. 목포항 바로 근처라 여행객들이 어시장의 풍경을 체험하고 싱싱한 먹거리도 즐길 수 있다.

목포 바다의 모든 것
목포종합수산시장

목포시 해안로 267 ● http://mpsusan.co.kr ● 061-245-5096 ● 주차 가능

목포항과 마주보고 있고, 항동시장과 이웃하였다. 홍어와 젓갈, 선어 등 각종 수산물과 건어물을 파는 도매시장이다. 본래 동명동어시장이었으나 2004년 시설 현대화 사업을 통해 목포 종합 수산시장으로 이름이 바뀌었다. 목포를 찾는 관광객과 여행객들이 즐겨찾는 시장 중 하나다.

마당에서 놀자!
목포세계마당페스티벌
www.mimaf.net

주 행사장 : 차 안다니는 거리, 로데오광장, 오거리, 청
소년광장, 근대역사의 거리 등 목포 원도심 일대●
061-243-9786

매해 8월, 어둠이 내리면 목포 거리는 각종
길거리 공연으로 떠들썩해진다. 한여름의
열기가 식어가는 저녁시간에 오거리와 청소
년광장, 로데오광장을 비롯해 원도심의 차
안다니는 거리, 목포진공원 등에서 목요일
부터 일요일까지 4일간 다양한 공연이 펼쳐
진다.

전남의 역사, 신화, 인물, 자연 등을 소재
로 마당극을 하는 극단 갯돌이 2001년부터
시작하였고, 2012년부터는 해외팀까지 참
여하면서 세계마당페스티벌로 성장하였다.
타악기 공연, 거리 연극, 줄타기 등 전통 연
회, 마임, 춤공연, 놀이극, 서커스 등 다양
한 장르의 공연을 거리에서 즐길 수 있다는

것이 가장 큰 자랑이다.

오거리, 청소년광장, 로데오광장 등 원도심
일대에서 열려 여름 여행이라면 꼭 즐겨볼
만하다. 모두 8마당으로 다채롭게 펼쳐지는
데, 실내 공연장과 거리 공연장이 있어 원하
는 공연을 골라 즐길 수 있다. 이 축제의 백
미는 바로 '굿전(Busking-Good Money)'
이다. 공연을 보고 난 후 출연자에게 고마운
마음을 담아 동전을 공연자 바구니에 넣는 것
을 굿전이라 하는데, 축제 측에서 판매하는
동전을 사서 재미있거나 마음에 든 공연자의
바구니에 넣을 수 있다. 관람객들이 적극적
으로 공연을 즐기고, 공연팀에게 그 마음을
표현할 수 있는 재미요소이다.

©목포세계마당페스티벌

고단한 삶을 눈물로 이어온 조선인 마을

일제강점기 목포의 살만한 땅은 모두 일본인 차지가 되었고, 많은 조선인들은 거주할 곳이 없었다. 그래서 유달산 아래 쌍교리 부근의 주인 있는 무덤 53기와 주인 없는 무덤 백여 기를 이장하고 집터를 마련하였다. 가파른 고개와 경사가 심한 이 지역에 수천 명의 조선인이 모여들면서 겨우 움막을 짓고 살게 된 동네가 지금의 남교동, 만복동, 죽교동 등이다.

마을 바로 앞에는 일본인들의 화장터와 공동묘지, 분뇨집하장이 있어 냄새가 진동했다고 전해진다. 일본인 마을이 매립된 평지에 상하수도와 도로 등이 정비된 곳인데 반해 조선인 마을은 산비탈에 상하수도 시설도 없는 열악한 환경이었다.

당시 선교사 프레스톤의 기록에 의하면 조선인들은 극심한 가난과 불결한 생활환경 속에 처해 있었다. 그럼에도 비열하고 초라한 일본인들과 달리 훌륭한 성품을 지녔으며 서로 다투지 않는 평화로움이 인상적이었다고 한다. 또 그들은 청결한 흰옷을 즐겨 입었다고 한다.

광복 이후 이 지역은 목포의 중심지가 되었고, 현재는 땅값이 비싼 동네가 되었다.

이난영과 김대중 대통령의 모교
북교초등학교

목포시 수문로 83 ● http://mokpobukkyo.es.jne.kr ●
061-245-2907 ● 인근 주차 가능

목포 개항과 함께 무안공립소학교로 개교하였
고, 1901년 현 위치로 옮겼다. 목포의 역사
와 함께 100년이 넘은 초등학교이다. 최초의
여류 소설가 박화성, 극작가 차범석, 무용가
이매방, 가수 이난영과 남진, 김대중 대통령
등 졸업생의 면면이 대단하다. 당시의 건물이
나 흔적은 남아있지 않다. 다만 학교의 역사보
다 더 오래된 강당 옆의 느티나무는 역사를 말
해주고 있다. 놀이터 그네에 앉아 한가로운 목
포의 조용함을 즐겨보자. 교문 입구에는 김대
중 대통령 기념비가 있다.

태극 무늬가 새겨진
양동교회

목포시 호남로 15 ● 061-245-3616 ● 주차 가능

미국 선교사 유진벨(Rev. Eugene Bell)이
목포 지역 최초로 설립한 개신교 교회로, 등록
문화재 제114호이다. 일제강점기 목포의 청
년운동, 신간회 운동의 중심 역할을 하였다.
1897년 선교사와 신도들이 천막 아래서 예배
를 드린 것이 교회의 시작으로, 교인들이 유달
산에서 석재를 옮겨와 1910년에 건물을 지었
다고 한다. 남녀 신자가 따로 이용하도록 출입
문이 정면에 2개, 측면 2개였으나 종탑을 세
우면서 현재는 3개가 남아 있다. 왼쪽 출입문
위쪽에 새겨진 태극무늬가 이질적이면서도 가
슴이 뭉클하다.

목포의 눈물

이난영 동상

목포시 양동 42번지 인근 ● 주차 가능

목포를 대표하는 가수이자, 일제강점기 최고의 인기곡인 '목포의 눈물'을 부른 이난영(李蘭影, 1916년 6월 6일 ~ 1965년 4월 11일). 양동 생가터 인근에 그녀의 동상이 있다.

12살이 될 때까지 양동 42번지에서 살았고, 1932년에는 목포의 극단 태양극장에 입단하면서 이난영이라는 예명으로 노래를 불렀다.

1935년에 한국 가요사의 불후의 명곡으로 남아있는 '목포의 눈물'을 발표하였고, 1942년에 '목포는 항구다'를 발표하였다. 묘소가 있는 삼학도에는 난영 공원이 조성되어 있다.

모던한 근대 서양식 건물
정명여학교 선교사 사택

목포시 삼일로 4 ● http://jeongmyung.ms.jne.kr
● 061-240-3106 ● 인근 주차 가능

정명여학교는 1903년 미국 남장로교 한국선교회 본교로 설립된 호남 최초의 여학교이다. 1911년에 목포정명여학교로 교명이 바뀌었다. 3·1운동 당시 여학생들이 만세 운동에 참여하였고, 1937년에는 신사참배를 거부하여 결국 폐교 당한 민족혼의 산실이다. 정명여학교는 광복 후 1947년 목포정명여자중학교로 복교되었다.

현재 정명여중고가 있는 교정 안에는 1912년에 지어진 석조 건물이 남아있다. 선교사 사택으로, 목포의 석산에서 캐온 화강석으로 지은

모더니즘 양식이다. 전면이 좌우대칭의 건물로 1990년까지 교장 사택으로 쓰다가 지금은 100주년 기념관과 음악실로 쓰고 있다.

1990년에는 이 학교 도서관 천장에서 목포 4.8만세운동 참가자, 투옥자, 사망자 명단이 발견되었다. 이를 기려 매년 4월 유달산 축제 때 여학생들이 만세운동을 재현하고 있다. 선배들의 독립정신을 후배들이 이어가면서 역사는 건물이나 책 속에만 있는 것이 아님을 보여주고 있다. 우리나라 최초의 여류 장편 소설가인 박화성의 모교이기도 하다.

벚꽃 아래 쓰라린 역사의 흔적

동명동 77계단

목포시 수강로 12번길 50 ● 24시간 오픈 ● 무료 입장 ● 인근 주차가능

원도심의 동명동은 본래 소나무가 많아 송도(松濤)라 불리던 작은 섬이었다. 개항 이후 일본인들이 몰려들면서 1910년 소나무를 모두 베어내고 벚나무를 심은 다음 섬의 정상에 송도신사를 지었다. 일제강점기에 세워진 신사가 모두 그랬지만 조선인들에게 강제 참배하도록 하였다. 언덕에 위치한 신사에는 77계단이라 불리는 계단을 따라 오르내렸다. 현재 신사는 남아있지 않지만, 계단이 남아있다. 2007년 목포시가 정비하고 계단 입구에는 '東明洞 七七階段' 비석과 안내문을 세웠다.

목포 사람들의 눈물이 일흔 일곱개 계단마다 서려있는 양옆으로 과거의 풍경이 남아있어 애잔함을 더한다. 오욕의 역사를 잊지 않기 위해 안내문을 읽고 계단을 걸어 올라가보자. 개항 후 쓰라렸던 역사를 잊지 않고 기억하는, 목포에 고마움을 느끼게 된다.

김우진의 흔적이 남아 있는
북교동 성당

목포시 북교길7번길 1 ● 061-242-1004 ● 미사시간 외
관람 가능 ● 주차 가능

'목포의 오빠'라 불리던 근대극의 선구자 김
우진의 생가터에는 현재 북교동 성당이 들
어서 있다. 김우진은 성취원으로 불리던 이
집에서 살았으나 29살의 젊은 나이에 윤심
덕과 함께 창해에 몸을 던졌다. 이후 아버
지 김성규 씨가 기증하였다.
성당 내 수녀원 옆 잔디밭에는 김우진 문학
기념비가 서 있다. 비문에는 '이곳은 신학
문 초기에 극문학과 연극을 개척 소개한 수
산(水山) 김우진 선생이 청소년기에 유달산
기슭을 무대 삼은 희곡 〈이영녀〉 등을 썼던
자리'라고 쓰여 있다.

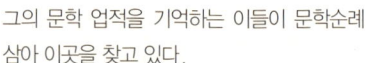

그의 문학 업적을 기억하는 이들이 문학순례
삼아 이곳을 찾고 있다.
북교동 성당은 설립 초기부터 가톨릭구제회의
원조를 받아 구호사업을 하였고, 현재까지도
무료급식을 하고 있다. 고딕양식의 종탑에는
본당 수호성인인 비오 10세 교황상이 모셔져
있다. 성당을 오르는 언덕길과 성모동산, 마
당은 꽃으로 꾸며져 한번쯤 둘러보기 좋다.

패션전문학원의 유쾌한 변신

노라노미술관

목포시 마인계터로 40번길 2-6 ●24시간 개방(늦은 시간은 위험하니 피할 것) ●무료 관람 ●주차가능

목포의 원도심에는 '마인계터로'라는 독특한 주소명이 있다. 만인계(萬人契)에서 유래하였는데, 계표(통표)를 판매하고 추첨을 통해 순위에 따라 배낭님을 나눠주는 일종의 복권게이다. 일제강점기 목포를 비롯해 전국에서 성행하였다. 현재의 마인계터로는 만인계가 열리던 곳이다. 기회와 꿈을 찾아 개항장을 찾아온 사람들이 희망을 갖고 만인계를 사느라 거리는 북적였다. 전국에서 유일하게 목포에 '마인계터로'라는 이름으로 남아있다.

지금의 마인계터로는 문화와 예술의 거리로 바뀌고 있다. 이 길에 있던 옛 노라노 양재학원을 예술가들의 반짝이는 상상력을 더해 노라노미술관으로 탄생시켰다. 목포시가 원도심의 역사적 발자취를 찾아 재해석하는 프로젝트의 일환으로 시작된 노라노미술관은 외관을 노란색으로 하여 찾아가는 이의 기분까지 상쾌하게 만든다.

갖가지 그림을 나무 액자에 담아 분위기도 활기차고, 작가의 작품부터 학생들의 그림까지 전시되어 있어 오랜 옛 동네에 생기를 불어넣고 있다.

고은 시인과 법정 스님의 첫 만남
정광 정혜원

목포시 노적봉길 26 ● 061-243-1791 ● 연중 무휴 ● 인근 주차가능

유달산 노적봉 자락 동네 한가운데 위치한 정광 정혜원은 생소한 곳일지도 모르겠다. 이 작은 사찰에서 한국 문학계 거장 고은 시인과 불교계의 큰 스님인 법정 스님의 아름다운 만남이 시작되었다.

한국전쟁 이후 승려 생활을 하던 고은은 포교활동을 위해 군산에서 이곳 정혜원으로 오게 된다. 그리고 대학을 휴학하고 이곳에서 불교학생회 총무로 활동하던 대학생 박재철을 만난다. 고은은 박재철이 불교에 귀의하고, 또한 수필을 써서 '현대문학'에 발표하도록 주선하기도 하였다. 그가 바로 '무소유'로 유명한 법정 스님이다.

한국을 대표하는 시인과 무소유의 법정 스님은 이렇게 정혜원에서 인연을 쌓게 되었다. 정광 정혜원은 일제 강점기에 세워진 사찰인데, 당시 일본 사찰이 도심에 세워진 것과 달리 산 아래에 자리한 것이 특징이다. 1917년 흥선사로 창건되었다가, 광복 이후 만암 스님이 정광 정혜원으로 사찰 이름을 바꾸었다고 한다.

현재 사찰 건물은 지붕 기와와 창호가 교체된 것을 제외하면 아직도 일본식 사찰의 원형을 유지하고 있다. 경내에는 조선 후기 경주불석으로 조성한 관음보살좌상이 있고 1931년에 조성된 보현보살상과 석탑이 남아있다.

작가들의 솜씨
마인계터 아트

목포시 마인계터로 40번길. 노라노미술관 가는 길 ● 자율 운영 ● 3,000원 ● 비정기 휴 ● 주차 불가

작가들이 만든 전남문화예술협동조합 마을기업에서 운영하는 아트숍인 마인계터 아트. 목포에서 핸드메이드 공예품이나 기념품을 만나기 쉽지 않은데, 반가운 공간이다. 목포를 중심으로 활동하는 문학, 미술, 음악 작가들의 작품부터 소소하게 만든 소품을 전시, 판매하고 있다.

노라노 미술관의 전신인 양재학원에서 패션을 전공하고 의상실을 운영하는 작가들이 만든 머플러가 특히 눈길을 끈다. 작가들이 번갈아 자리를 지키기 때문에 운이 좋다면 마음에 드는 작품의 작가와 이야기를 나눌 수도 있다.

도심 속 여행지

 **추천 코스**

목포역   보리마당   온금동   유달유원지   노을공원   북항

버스 15분   약 5분   약 7분 차로 약 10분   도보 7분

#Travel Tips

❶ 목포역과는 거리가 있다. 대중교통을 이용하는 것이 좋다.

❷ 보리마당, 온금동, 유달유원지 등은 걸어서 돌아볼 수 있다. 《목포 여행 레시피》의 내용을 꼼꼼히 살펴보고 코스를 미리 생각해서 돌아보자.

❸ 버스 어플을 다운 받아 운행시간을 확인하고, 여유를 가지고 돌아보자.

야경이 멋진
북항

목포시 북항로 190●목포역에서 3, 6, 13, 15번 버스를 타고 북항회센터 하차. 약 20분. 택시 약 12분 소요(5,000원). 노을공원까지 도보로 약 5분●주차 가능

멀리 뱃고동 소리가 마치 어린 시절 엄마가 부르는 소리처럼 들리는 북항. 여객터미널 사람들과 화물로 늘 분주한 본 항에 비해 호젓하면서도 항구의 정취가 잘 느껴지는 이곳의 매력을 목포 사람들이 가장 잘 아는 것 같다. 숨은 여행지를 추천해 달라는 이야기에 모두들 '북항'을 꼽았다. 어민들의 땀과 한 켠에서 낚시를 즐기는 이들의 나직한 숨소리가 어울리는 북항은 노을과 야경이 특히 아름답다. 풍차 등대가 있

고, 작은 정자에는 사랑의 자물쇠가 걸리는 등 연인들의 데이트 장소로도 인기가 높다. 여행자라면 오후 시간에 북항에 들러보자. 은은하게 노을이 퍼지고 풍차에 예쁜 조명이 들어오면 항구의 정취가 더해진다. 북항을 둘러싸고 회타운이 있어 맛있는 저녁도 함께 즐길 수 있다. 흥정만 잘한다면 싱싱한 회를 값싸게 맛볼 수 있다.

오늘과 멋지게 이별하는
노을공원

목포시 산정동 1110-9. ●목포역에서 10, 60번 버스를 타고 신안
비치팔레스 정류장 하차, 약 25분 소요. 3, 5, 13, 15번 버스는 신
안비치 1차아파트 정류장 하차, 약 25분 소요. 택시 약 13분 소요
(5,000원). 북항까지 도보 약 5분 거리

우리나라 최서남단에 위치한 목포는 일몰을 즐기기
에 더없이 좋은 여행지이다. 목포 어디에서나 아름
다운 풍경을 만날 수 있지만, 특히 북항의 노을공원
이 첫손에 꼽을 만하다. 바쁘게 달려온 하루와 멋지
게 이별할 수 있는 노을 공원은 이벤트 광장, 녹지와
산책로, 바닥분수, 놀이터 등 다양한 편의시설을 갖
춘 시민휴식공간이다.

오랜 시간을 들여 공원으로 가꿔왔는데, 2015년 6월 완공된 수변 데크
가 가장 인기이다. 바다 위에 나무 데크를 놓아 해지는 풍광을 더욱 가까
이 즐길 수 있기 때문이다. 연인은 물론 가족들도 많이 찾는다. 인근에
목포해양경찰청이 있으니 대중교통을 이용할 때 기억해두자.

목포의 숨은 비경
보리마당

목포시 서산동 ● 목포역에서 1, 2번 버스를 타고 서산 초등학교 정류장 하차, 약 25분 소요

목포 사람들이 좋아하는 숨은 여행지이다. 수많은 이야기가 숨어있을 것 같은 골목길 사진을 보고 이곳이 어디일까, 궁금했다면 보리마당을 찾아가보자. 유달산과 인접한 서산동의 가장 꼭대기에 위치한 너른 공터를 '보리마당'이라 부른다. 보리마당에 오르면 유달산의 수려한 산세가 한눈에 보이고, 항구와 함께 삼학도, 고하도 등 목포 앞바다의 풍경이 그림처럼 펼쳐진다. 그리고 서산동 자락의 한산한 멋이 가득한 골목길과 이어진다. 좁은 골목을 마주하고 마을을 지켜온 아낙들의 정겨운 이야기 소리가 마음에 스미는 듯하다.

이름에서도 알 수 있듯 '보리마당'은 보리를 털어 말리던 곳이었다. 주변이 온통 보리밭이라 평탄하고 볕이 드는 이곳에서 보리 타작을 하였다고 한다. 당시에 변변한 도정시절이 없는 목포 인근의 섬에서 수확된 벼와 보리 등 잡곡의 집합소이기도 했다. '보리마당'이라는 지명은 유달산 이등바위 인근에도 있다. 유달산 봉수대를 지키던 봉졸들의 초소터 자리로 봉졸들이 보수로 받은 밭곡식을 타작하던 자리이다.

조금새끼들이 모여 산 다순구미
온금동

목포시 온금동 ● 목포역에서 1, 2번 버스를 타고 목포수협에서 하차. 60번 버스는 신안군교육청, 7번 버스는 초원주차장에서 하차. 약 25분 소요. ● 택시 약 7분 소요(3,800원), 보리마당에서 도보로 약 10분 ● 주차 인근 가능

좁은 골목을 올라가면 목포에서 가장 멋진 전망을 자랑하는 마을이 나타난다. 양지바른 마을이라 하여 '다순구미'라 불리는 온금동 마을이다. '다순'은 '따숩다'는 말이고 '구미'는 여진족 말로 '움푹 들어간 후미'라는 뜻이니 다순구미는 해변에서 '쑥 들어간 양지 마을'이다. 한자로 온금동(溫錦洞)이라 한다.

오르막길을 오르내리는 것이 힘들기는 하지만, 풍광 해 만큼은 최고다. 다순구미는 목포 개항 이전부터 있던 오래된 마을이다. 일제 강점기 시대에는 가난한 조선인들이 모여 살았고, 해방 이후에는 목포 인근의 섬에서 나온 가난한 뱃사람들이 하나 둘 터전을 잡으며 살기 시작하였다.

이곳은 '조금새끼'란 말이 유래한 곳이기도 하다. 바닷일을 하다가 물때가 좋지 않은 '조금' 때 어부들이 조업을 쉬면서, 그때 낳은 아이들을 '조금새끼'라 한다.

마을 아래쪽에는 ㄷ자 형의 정박지가 언청이를 닮았다고 해서 '째보선창'이라 불린다.

산비탈의 눈길을 끄는 건물은 1938년에 지어진 조선내화 공장이다. 일제강점기 시절 일본의 군수자본으로 지어진 공장으로, 해방 후에는 미군의 관재처로도 쓰였다.

한국전쟁 당시에 공장의 80%가 화재로 소실되었고, 전쟁 후에 이훈동 씨가 인수하였다. 1994년 광양으로 공장을 이전하면서 남겨진 건물은 영화촬영지로도, 아이들의 동네 아지트로 쓰인다. 현재 개발 예정으로 곧 사라질지도 모를 풍경이다. 목포의 역사와 소시민의 삶이 궁금하다면 서둘러 돌아보자.

도심 속 한적한 해수욕장
유달유원지

목포시 죽교동 유달유원지●목포역 정류장에서 1, 2번 버스를 타고 낙조대 정류장 하차. 약 25분 소요. 택시 약 15분 5,500원. 온금동에서 걸어서 약 5분●주차 가능

항구 도시인 목포를 여행하면서 좀 아쉬웠던 것이 바닷물에 발 담그고 해안을 걷는 것이 생각보다 쉽지 않다는 점이다. 바다를 가까이 두고서도 여유롭게 거닐만한 곳이 눈에 띄지 않는데, 유달해수욕장은 그런 아쉬움을 달래주는 소중한 곳이다. 산책로와 쉼터, 전망대와 해변가 카페 등이 자리잡아 쉬엄쉬엄 쉬어가기 좋다. 현재 재개장을 위한 공사 중에 있는데, 마무리되면 찾는 이들이 더 많을 듯하다.

멀리 이어지는 다도해 풍경과 섬 사이로 떨어지는 일몰이 일품이다. 밤에는 멋진 야경을 볼 수 있는 목포의 명소 중 하나다.

죽이 맛있는 분식집
가락지

가락지는 분식과 든든한 식사가 가능한 목포 고유의 분식집이다. 라면과 국수가 적힌 메뉴판과 단출한 내부만 보면 분식집이지만 약식부터 식혜, 쑥꿀레, 전복죽, 녹두죽, 팥죽 등 다양한 메뉴를 보면 고개를 갸웃거리게 된다.

한상 가득 차려지는 전라도식 식사가 부담스럽고, 가벼운 한끼를 원한다면 가락지만한 곳이 없다. 대표 메뉴는 동지팥죽이다. 쫄깃한 새알심과 쌀을 넣고 맛깔스럽게 끓여 대접이 넘칠 정도로 가득 내온다. 전라도에서 팥죽을 먹을 때는 소금보다 달달한 설탕을 넣어 맛보자. 곁들여 나오는 깍두기, 김치, 콩나물무침, 열무김치를 함께 먹으면 한 끼가 든든하다.

목포 남교동 127-1. 남교소극장 인근 ● 061-244-1969 ● 09:00~21:30 ● 팥칼국수 5,000원 쑥꿀레 4,000원 호박죽 6,000원 ● 연중무휴 ● 인근 주차 가능

중깐으로 유명한
중화루

목포에서 가장 오래된 화상(華商)인 중화루는 1950년에 문을
열어 3대째 운영 중이다. 대표 메뉴는 '중깐'. 중화루 간짜장의
줄임말인 중깐은 양파와 고기를 잘게 썬 자장 소스가 독특한
맛으로, 유니짜장을 닮은 듯하다.
면은 소면보다 굵고 납작하지만 일반 중면에 비해 얇고 부드러
워 쫄깃하다. 일반 중면에 비해 얇다보니 소스에 쉽게 비벼지
지 않는데, 김에 밥을 싸듯 비빈 면으로 소스의 건더기를 싸서
먹는 것도 색다른 방법이다.
중깐 위에 올려주는 반숙 계란프라이도 독특하다. 경상도에서
는 흔하지만 전라도에서는 낯선 풍경인데, 반숙을 터뜨려 비
벼 먹으면 별미.

목포시 영산로 75번길 6. 코롬방제과 맞은편 ●061-244-6525 ●
11:00~21:00 ●중깐 6,500원 삼선짬뽕 9,000원 ●월 2회 비정기 휴무
●주차 불가

넉넉한 인심과 친절의 중국집
태동식당

중화루와 함께 중깐이 맛있기로 소문난 식당이
다. 중화루가 중국풍이라면 태동식당은 한국식이
다. 넉넉한 인심과 맛으로 식당은 늘 자리가 부족
하고, 배달전화는 쉴 틈이 없다. 태동식당의 중깐
은 소스를 면 위에 부어주는데 중화루에 비해 면
이 좀더 부드럽다. 맛뿐만 아니라 친절하고 인심
넉넉한 여사장님 서비스에 놀라게 된다. 중깐을
주문하면 짬뽕 한 그릇을 서비스로 내오는 등, 그
날그날 맛보기 메뉴를 함께 내오는데 그 양이 푸
짐하다. 그렇다고 너무 큰 서비스를 바라는 말
자. 주인장의 따뜻한 마음의 표현이므로, 지나친
요구는 금물이다.

목포시 마인계터로 40번길 10-1. 코롬방제과 근처 ●
061-243-3351 ● 10:00~22:00 ● 중깐 6,000원 짬뽕
5,000원 ● 둘째 넷째주 화요일 휴무 ● 주차 가능

낙지요리의 대명사
독천식당

목포의 대표 낙지 음식점으로, 낙지 호롱, 연포
탕, 낙지볶음 등 낙지와 관련한 모든 메뉴를 맛볼
수 있다. 가격대비 가장 훌륭한 메뉴는 낙지 비빔
밥이다. 매콤 달콤하게 양념한 낙지볶음을 콩나
물무침과 김가루를 곁들여 내온다.
단촐해 보이지만 부드럽게 잘 익은 낙지가 넉넉히
들어있고 아삭한 콩나물과 미나리의 맛이 더해져
풍미가 있다. 젓갈이 풍부하게 들어간 전라도 김
치 맛도 놓치지 말 것.

목포시 호남로64번길 3-1. 목포세무서에서 중앙초등학
교 방향 인근 ● 061-242-6528 ● 10:30~21:30 ● 낙지비
빔밥 11,000원 갈낙탕 19,000원 연포탕 17,000원 ● 연
중무휴 ● 주차 가능

민어회가 맛있는
영란횟집

목포 사람치고 모르는 이 없는 곳이자, 목포 맛여행이라면 꼭 들르는 대표 맛집인 영란횟집. 전국의 미식가들이 찾고, 김대중 대통령이 여름 보양식으로 즐겨 찾던 맛집이다. 그러나 오래된 외관과 저렴한 가격을 보고 대중적인 식당이라고 얕잡아 볼지도 모르겠다. 항구의 횟집은 듬성듬성 두툼히 잘라 푸짐히 쌓아놓은 회와 단출한 소스가 특징인데, 영란횟집은 전형적인 항구 횟집이라는 것을 기억하자.

금값에 비교되는 민어를, 영란횟집에서는 비교적 저렴한 가격에 맛볼 수 있다. 분홍빛이 선명한 회와 함께 귀하다는 민어 부레와 껍질, 지느러미, 뱃살까지 나온다. 부레 등은 다른 지방에서는 맛보기 힘든 별미로, 민어의 모든 맛을 한 상에서 맛볼 수 있어 여름이면 전국에서 찾아온다.

민어는 '백성 민(民)'자를 쓰지만, 실제는 왕이나 고관대작들이 즐기던 고급 생선이었다. 지금도 고가로, 산란기를 앞둔 6월 말에서 9월이 제일 맛이 좋다. 여름철 최고의 보양식으로 민어탕을 꼽는다.

영란횟집의 상차림은 밑반찬 없이 마늘과 고추, 쑥갓과 상추, 그리고 고추냉이장과 쌈장, 막걸리 식초가 들어간 양념장이 전부다. 숙성된 양념장은 새콤하면서도 달콤하고, 부드럽게 칼칼해 목포의 별미로 꼽는다. 민어는 활어보다 선어로 주로 먹는데, 씹을수록 부드러운 선어의 맛이 일품이다. 민어전과 민어무침, 민어지리도 꼭 맛보길. 겨울에는 시원하게 끓여낸 탕으로 추위와 여행의 피로를 씻기에 안성맞춤이다.

목포시 번화로 42-1. 민어의 거리 내 ● 061-243-7311 ● 08:00~22:00 ● 민어회 45,000원 민어전 45,000원 매운탕 5,000원 ● 연중무휴 ● 주차 가능

남녀노소 즐기는
동키스

프랜차이즈 식당이 모인 시내에서 10년 이상 자리를 지키고 있는 추억의 돈가스집이다. 시험 끝나고 친구와 함께 온 학생들, 아이 손을 잡고 온 가족, 알콩달콩 연애를 즐기는 연인들, 고향을 찾은 청년들도 즐겨찾는 고향의 맛집이다.

보기엔 다른 일본식 돈가스와 비슷하지만 잡내 없이 숙성되어 부드러운 고기 맛이 일품이다. 신선하고 다양한 생과일로 만든 소스와 햅쌀로 지은 밥도 맛있고, 깊은 맛의 우동 또한 부족함이 없다. 학생과 젊은층에게 특히 인기가 많아 아이스크림과 커피 등 셀프 후식코너도 운영하고 있다. 목포역과 가깝다.

목포시 수문로 21. 목포역 건너편 인근 젊음의 거리에 위치 ● 061-244-8850 ● 11:00~20:00 ● 로스까스 7,500원 히레까스 8,000원 ● 연중무휴 ● 주차 불가

목포 대표 분식인 쫄라 맛집
서울분식

목포여고와 정명여고, 정명여중이 있는 학교 앞 분식집으로, 없는 거 빼고는 다 있다. 냉면, 비빔밥, 덮밥, 찌개 등 맛있다는 감탄사가 나오는 메뉴가 가득하다. 그 중에서 대표는 쫄라. 라면과 쫄면, 어묵을 넣고 떡볶이 양념을 더해 만든 쫄라는 일명 '떡 없는 떡볶이'이다. 목포의 대표 분식 메뉴로 유명한 쫄라는 대접형 접시에 가득 나오는데 가격은 2,500원. 아무리 학교 앞이라지만 너무 착한 가격이다.

주인장 혼자 운영하고 있어 손이 부족하기 때문에 물과 반찬 셀프는 필수! 오래된 가게 곳곳에는 90년대 아이돌 사진과 서울분식을 찾았던 소녀들의 편지가 붙어 있어 보는 재미도 쏠쏠하다. 최근에 〈백종원의 3대 천왕〉 돈가스 편에도 선정되었다.

목포시 삼일로 53. 목포여고 인근 ● 061-242-1662 ● 11:00~20:00 ● 쫄라 2,500원 김치찌개 5,000원 철판볶음밥 3,000~5,000원 라면 2,000원 떡볶이 2,000원 ● 화요일 휴무 ● 주차 불가

목포의 콩물
유달콩물

목포를 대표하는 콩물집으로 40년 전통을 자랑한
다. 콩을 갈아 만든 콩국은 흔히 콩국수로 먹지만
목포에서는 유독 콩물만 따로 먹는다. 또한 여름
별미로 꼽히는 콩국수를 목포에서는 사시사철 즐
길 수 있다. 식수가 귀했던 탓에 물 대신 먹었다는
설과 먹을 것이 부족하던 일제강점기에 콩을 비지
로도 먹고 콩물로도 먹으면서 콩물로 발달했다는
이야기도 있다.

유달콩물은 맷돌로 콩을 갈아 비린 맛없이 고소하
다. 콩물 한 그릇을 시키면 냉면 그릇에 가득 나오
는데, 양도 많고 맛이 진해 한 끼 식사로 든든하
다. 테이블 위에 설탕과 소금을 취향에 따라 넣어
먹으면 된다. 깍두기 등의 밑반찬은 셀프로 가져
다 먹을 수 있다.

이른 아침에 문을 열기 때문에 아침으로 찾는 이
들도 많다. 콩물 외에 콩국수, 비빔밥, 비빔면 등
의 메뉴도 있다.

목포시 호남로 58번길 23-1, 목포세무서 인근 ●061-
244-5234 ●07:00~20:30 ●콩물 4,000원 콩국수
6,000원 ●명절 휴무 ●주차 가능

지혜 가득한 손만둣국

대청

전라도 지방은 설날 떡국에 만두를 넣지 않는다. 전라도가 고향인 이들은 설에 만두를 빚는 풍속이 낯설고, 중부, 이북이 고향인 이들은 떡만 덩그러니 들어간 떡국이 낯설다. 만둣국집 '대청'의 주인장은 한국전쟁 당시 함경도에서 목포로 피난을 와 함경도식 만두는 늘 그리운 고향의 음식이었다고 한다. 그래서 퇴직 후 전라도 입맛에도 잘 어울리는 만둣국 집을 열었다. 깔끔하고 마음속까지 채워주는 든든한 깊은 맛과 청결함, 따뜻한 정까지 더해져 목포 사람들과 여행객에게도 열렬한 사랑을 받고 있다.

소녀 같은 아내와 함께 한지공예를 하기 위해 점심시간에만 운영한다. 점심시간을 잘 맞춰가는 성의가 필요한 집이다.

목포시 유동로42번길 22. 근대역사관 별관 인근 ● 061-243-5141 ● 11:00~ 5:00 ● 만둣국 7,000원 만두전골 22,000원 ● 일요일 휴무 ● 주차 가능

따뜻한 아침식사
제주식당

제주행 페리가 출발하는 목포항. 늘 여객선 손님으로 붐비는 목포항 근처에는 식당이 여럿이다. 그중에서도 제주식당은 푸근한 가정식 한상을 맛볼 수 있다. 섬 여행객이나 도심 여행객이 이용하기 좋다.

배시간 때문에 이른 아침에 찾았을 때, 따뜻한 밥과 뜨끈한 생선탕, 깔끔한 반찬으로 차려진 백반이 한상 가득 나왔다. 혼자 찾아도 한상을 차려 내오니 나 홀로 여행객에게는 더없이 고마운 곳이다. 찌개와 반찬이 매일 바뀌는 가정식이다. 근대문화역사관과도 가까워 쉬엄쉬엄 걷다가 찾아가도 좋은 곳이다.

목포시 해안로177번길 9. 목포항 선착장 인근 ● 061-244-1967 ● 05:00~19:00 ● 백반 7,000원 ● 배 결항과 날씨에 따라 유동적 ● 주차 가능

푸짐한 남도의 인심 가득한
남도먹거리방

구도심인 남교동에는 예전에 비해 쇠락했지만 여전히 목포 먹거리의 명맥을 이어가는 옛 중앙시장이 있다. 음식점 몇 곳이 있는 순대골목촌에 지나지 않지만 푸짐하고 저렴하게 술 한잔을 곁들이며 식사를 하기엔 이만한 곳이 없다.

남도먹거리방은 순대골목촌 초입에 위치한다. 식사와 술을 곁들이기 위해 청춘부터 중년까지 고루 찾는다. 매콤달콤한 양념에 볶아낸 푸짐한 제육볶음이 대표 메뉴이다. 제육볶음을 시키면 편육과 순대가 따라 나와 넉넉한 전라도 인심을 만날 수 있다. 혼자도 좋지만 워낙 양이 많아 두 명 이상 함께 가면 더 좋은 곳이다.

목포시 남교동 중앙식료시장. 중앙식료시장 먹자골목 내 ● 062-244-2169 ● 09:00~23:00 ● 순대국밥 6,000원 제육볶음 12,000원 ● 월1회 비정기적 휴무 ● 주차 가능

갈치조림이 맛있는
초원음식점

목포의 5미에 꼽히는 갈치조림 전문점이자, 목포의 음식 명인이
20년 넘게 운영하는 식당이다. 흔히 초원식당이라고 부른다.
이곳의 갈치조림은 우리가 흔히 먹던 것과는 사뭇 다르다. 살이
두툼한 갈치에 묵은지와 말린 고구마줄기, 무를 넣어 시원하고 깊
은 맛을 자아낸다. 갈치에 간이 쏙쏙 배어 게장 못지않은 밥도둑
이다. 목포역, 목포항과도 가깝고, 근대문화역사거리가 시작되는
초입에 있어 찾기 쉽다.

목포시 번화로 37-6. 유달우체국 인근
● 061-243-2234 ● 09:00~21:30 ● 갈
치조림(1인분) 13,000원 갈치구이(1인
분) 13,000원 생게살무침(1인분) 13,000
원 ● 명절 당일 휴무 ● 주차 가능

나 홀로 여행객에게 든든한 한 끼
종가집

목포역과 가까운 식당으로, 친절한 부부가 운영한다. 여
행객보다는 지역민들에게 더 유명한 숨은 맛집이다. 대
표 메뉴는 국내산 콩으로 만든 청국장이다.
두부를 가득 넣어 부드럽고 구수한 청국장과 동태를 넣
은 칼칼하고 구수한 맛의 동태청국장이 입맛을 사로잡는
다. 그 외 사골곰탕과 돼지주물럭 등 모든 메뉴가 만족
감을 준다.
식당에 오는 이들이 엄마의 밥상, 할머니의 그리운 손맛
을 느끼고 간다.

목포시 노적봉길 22. 오거리문화센터 인근 ● 061-277-1788 ●
9:00~20:00 ● 청국장 5,000원 동태청국장 7,000원 ● 첫째, 셋
째주 일요일 휴무 ● 주차 가능

전국 3대 해장국
해남해장국

텔레비전 프로그램 〈백종원의 3대 천왕-해장국편〉에 소개된 전국구 맛집이다. 45년의 전통을 자랑하는, 목포에서 알 만한 사람은 다 아는 유명 식당이다.

해남해장국은 작은 식당으로, 메뉴는 뼈해장국, 콩나물 해장국으로 단촐하다. 일반 뼈해장국에 우거지가 들어가는 것과 다르게, 이곳은 국내산 돼지뼈만 사용한다. 돼지뼈와 파만 넣어 깊고 시원한 돼지육수의 맛이 자랑이다.

돼지국밥보다 더 시원한 국물에 푹 고아진 살코기가 부드럽게 씹힌다. 담백한 해장국에 밥을 말아먹으면 깔끔 시원한 맛이 일품이다. 국내산이라 수입산보다 살이 적은 것이 특징이다.

유명세를 타고 찾는 이들이 많아 식사 시간에는 서두르는 것이 좋다.

목포시 삼학로16번길 3. 목포역 공영주차장 인근 ● 061-244-0268 ● 07:00~14:00 19:00~24:00 ● 뼈해장국 8,000원 ● 첫째, 셋째주 화요일 휴무 ● 주차 불가

게살만 쏙 발라낸 목포식 양념게장
장터식당

목포의 5미(未) 중 하나로 꼽히는 꽃게. 장터식당은 음식 명인이 만드는 꽃게무침으로 유명하다. 많은 여행객들이 목포 미식여행을 이곳에서 시작하기도 한다.

먹음직스러운 양념에 부드러운 꽃게살을 발라 무쳐낸 꽃게무침이 가장 인기이다. 그야말로 감칠맛나게 입 안에서 살살 녹는 꽃게무침을 흰밥에 듬뿍 얹고, 함께 나온 김가루를 넣고 게살비빔밥으로 즐겨보자. 한 가지 요리로 꽃게비빔밥까지 즐길 수 있는 일석이조 메뉴이다. 주말이면 줄을 서야하니 서두를 것. 2인분 이상 주문 가능하다.

목포시 영산로40번길 23. 목포진역사공원 인근 ● 061-244-8880 ● 11:30~21:00 ● 꽃게무침(2인) 20,000원 꽃게살(2인) 20,000원 ● 연중무휴 ● 주차 가능

커피 마니아를 위한
카페 폴링

커피 한잔과 함께 목포 여행을 마무리하기에 딱 좋은 커피숍. 목포역과 가까운 시내에 있고 라바차 (LAVAZZA) 원두를 사용해 고른 커피 맛을 자랑한다. 특히 비엔나 스타일의 폴링 카푸치노가 이곳의 대표 메뉴. 최근에는 페스츄리 붕어빵도 판매하고 있다. 따뜻하면서도 세련된 원목의 인테리어라 편안한 분위기이다. 2층으로 되어 있고, 흡연실도 구분되어 있다.

목포시 수문로 29-1. 남교 트윈스타 인근 ●061-244-4419 ●11:30~23:00 ●폴링 카푸치노 4,000원 페스츄리 붕어빵 2~2,500원 ●연중무휴 ●주차 불가

쉬어가기 좋은
소울 오아시스

코롬방제과와 마주한 건물에 위치한 카페 소울 오아시스. 풀네임보다 '에스오'로 더 잘 알려져 있다. 블랙과 나무, 빈티지 소품과 사진, 조각 등으로 꾸며 예술적인 감성이 느껴지는 곳이다.
커피류, 스무디, 빙수, 디저트 등 다양한 메뉴를 취향대로 즐길 수 있다. 카운터에는 위탁 판매하는 가죽 소품과 액세서리, 그릇 등이 있어 보는 즐거움이 있다.

목포시 상락동2가 헌혈의집 건물. 코롬방제과 맞은편 ●10:00~23:00 ●음료 3,500~6,000원 ●연중무휴 ●주차 불가

샤커레토가 유명한
메리 그레이스

낡은 상점이 늘어선 오거리에 산뜻한 바람을 불어넣는 카페 겸 비스트로이다. 붉은 벽돌과 나무를 사용해 유럽의 어느 카페처럼 따뜻하고 편안한 분위기에서 커피 메뉴와 디저트 등을 즐길 수 있다. 저녁에는 친구와 소소한 대화를 나누며 즐길 만한 수입 맥주도 판매한다.

메리 그레이스의 독특한 메뉴는 샤커레토. 샤커레토는 에스프레소에 얼음과 설탕을 넣어 셰이킹(Shaking)한 후 샴페인 잔에 넣어 마시는 음료이다. 메리 그레이스에서는 독특하게 블루 샤커레토를 선보이는데 블루 컬러의 시트러스 시럽을 넣어 색감과 자태, 향이 독특하다.

목포시 영산로 64. YMCA 옆 ● 061-247-3388 ● 09:30~24:00 ● 커피류 3,500~6,000원 샌드위치 8,000원 ● 연중무휴 ● 주차 가능

바다와 고양이가 만나는 곳
카페치노

금오동에서 낙조대 방향으로 가는 길목에 카페치노가 있다. 조용한 마을 어귀에 호젓하게 위치한 카페 창 밖으로 목포 앞바다의 수려한 풍광이 펼쳐진다. 소음과 요란한 풍광에 지친 이들에게 잔잔한 힐링을 주는 카페치노에는 스코티시 폴드 고양이가 터줏대감처럼 지키고 있다.

터키색의 간판과 레트로한 분위기의 인테리어, 앤티크한 소품들이 어우러져 마치 고양이의 눈처럼 독특한 분위기를 자아낸다. 커피작업실이라는 부제가 달린 만큼, 커피 맛도 좋아 단골이 많다. 나만 아는 카페로 남겨두고 싶은 곳이기도 하다.

목포시 유달로 1. 온금동 해안도로 인근 ● 070-8810-0703 ● 10:00~23:00 ● 음료 4,000~6,000원 디저트 4,500~5,000원 ● 연중 무휴 ● 주차 가능

전국을 들썩이게 한
못난이빵

500원의 행복이 목포에 있다. 기적이라 불러도 좋을 500원으로 맛있는 간식을 즐길 수 있다니 말이다. 옛 청호시장과 자유시장 사이의 대로변에 위치한 못난이빵집은 못난이빵과 찹쌀도넛, 찐빵 세 가지만 만들어 판다. 가게는 빵을 튀겨내고 판매하는 공간으로 단출하다.

그러나 맛을 보면 단출하지 않다. 한정식의 기본은 밥맛에 있듯, 빵의 승부는 바로 반죽에 있다. 찹쌀을 넣어 쫄깃한데 유명 파티셰의 디저트에 뒤지지 않는다. 흔한 팥소 하나 없이 튀겨낸 빵에 설탕가루를 묻혔을 뿐인데, 달콤함과 쫄깃함, 고소한 맛이 놀랍다. 이미 방송에 소개되어 유명세를 탔지만 시간이 흘러도 맛은 변함없다. 못난이빵은 목포의 5미(味)에 뒤지지 않는 인기를 자랑한다.

목포시 자유로 82번길 2●061-245-0448●09:00~19:00●1개 500원●둘째 화요일 휴무●주차 가능

홍대 부럽지 않은 브런치 카페
브릭레인

목포 시내의 브릭레인은 아기자기한 인테리어와 브런치로 목포의 여심을 사로잡은 카페이다. 벽돌과 노출 콘크리트, 파이프가 어울려 영국의 브릭레인 마켓의 카페 분위기가 난다. 따뜻한 조명과 아기자기한 소품 등이 다락방 같은 정감도 느껴지고, 편안한 소파가 곳곳에 있어 여행객이 쉬어가기에도 더할 나위 없이 좋다. 브릭레인은 커피와 음료, 샌드위치와 토스트 등의 브런치 메뉴도 있다.

목포시 영산로 75번길 27. 젊음의거리 내 위치●061-244-2556●061-244-2556●브런치 5,500~10,500원 음료 3,500~5,000원●연중무휴●주차 불가

목포 대표 간식
쑥꿀레

쑥꿀레는 원래 쑥구리, 꿀굴래, 쑥경단, 보풀떡이라 불리는 경상도 음식이다. 지금은 목포에서 가장 사랑받는 음식 중 하나로 꼽힌다. 옛날 경상도에서 목포로 시집 온 새댁이 처음 만든 이후 목포에서 가장 사랑받는 음식이 되었다는 이야기가 전해진다.

찹쌀가루에 쑥을 버무려 만든 경단에 꿀이나 조청을 뿌려 먹는 쑥꿀레는 간식으로, 때론 요깃거리로 먹기도 한다. 파는 곳도 다양해 분식집에서 분식과 곁들여 팔기도 하고, 카페에서 디저트로 팔기도 한다. 구도심에 위치한 쑥꿀레집은 상호를 쑥꿀레로 올린 분식집이다. 목포의 쑥꿀레가 궁금하다면 한접시를 시켜 맛보자. 현지인과 여행자에게도 인기인데, 구도심에 있어 도보여행 코스에 넣기도 좋다. 간식으로, 가벼운 선물로도 안성맞춤이다. 단맛을 좋아하지 않는다면 조청소스를 부어먹는 '부먹'보다는 찍어먹는 '찍먹'을 추천한다. 주문할 때 미리 이야기해보자!

목포시 영산로 59번길 43-1. 젊음의 거리에 위치 ● 061-244-7912 ● 09:00~23:00 ● 쑥꿀레 한접시 4,000원 ● 연중무휴 ● 주차 불가

청춘의 낭만이 가득한
북카페 아우라지

오거리 골목길에 위치한 북카페 아우라지. 젊은층에게 유명한 카페로 골목마켓의 주역이자 길목이기도 하다. 만화, 인문학, 소설, 에세이 등 다양한 책이 있고, 책을 읽기에 좋은 조명과 소파가 있다.

이곳의 대표 메뉴는 이름도 독특한 '아우라'. 얼음을 스무디하게 간 다음 그 위에 생크림을 듬뿍 휘핑하고 주재료인 과일이나 쿠키 등을 수북이 올려준다. 종류만도 10가지가 넘는데, 망고나 청포도 등의 과일과 쿠키, 녹차 등이 올라간다. 여러 메뉴 중에서도 망고 아우라와 청포도 아우라가 가장 인기이다. 맛 좋은 아우라는 멋진 캘리그라피 홀더에 씌워져서 나오는데, 감성적인 문구가 청춘들의 심금을 울리는 것으로도 유명.

목포시 마인계터로 40번길 10. 오거리문화센터 근처 ● 070-4232-9592 ● 11:30~23:00 ● 아우라 컬렉션 6,500원 ● 연중무휴 ● 주차 불가

정직하고 색다른 맛의 향연

코롬방제과

전국구로 유명한 목포의 대표 빵집. 1948년에 문을 열어 3대를 이어오는 코롬방제과는 국내에서 생크림 케이크를 가장 먼저 선보였다. 일하는 제빵사 경력만 해도 40년이 넘는 코롬방제과. 여러 빵 중에서 새우바게트와 크림바게트가 가장 유명하다. 부드럽지만 쫄깃한 바게트에 머스터드 베이스의 상큼하면서도 달콤한 소스를 사이사이 채우고 곱게 간 새우 소보루를 빵 위에 얹어 구워냈다. 다른 빵집에서는 맛볼 수 없는, 독특하면서도 감칠맛이 나는 바게트여서 자꾸만 손이 간다. 고소하지만 느끼하지 않은 크림치즈를 듬뿍 넣은 크림치즈 바게트와 크림치즈 타르트도 유명하다. 방부제를 사용하지 않아 여름철에는 빨리 먹는 것이 좋다.
1층에는 바게트를 비롯한 여러 종류의 빵들이 가득하고, 2층은 빵과 함께 커피를 마실 수 있는 옛 느낌의 카페테리아가 있다.

목포시 노적봉길 9. 오거리문화센터 옆 ● 061-243-2161 ● 08:00~22:00 ● 치즈타르트 2,000원 크림치즈바게트 5,000원 새우바게트 4,500원 ● 매월 둘째주 화요일 휴무

100년 넘은 일본식 고택 카페

행복이 가득한 집

목포뿐만 아니라 전국에서 가장 멋진 카페 중 하나가 아닐까? 반짝반짝하게 잘 관리한 옛집의 멋스런 분위기와 앞뜰과 뒤뜰의 정원이 이름처럼 '행복이 가득한 집'을 만들고 있다. 이 카페에 가기 위해 목포 여행한다는 이들이 있을 정도로, 다른 곳에서 보기 힘든 멋진 카페이다.

이 고풍스러운 카페는 1900년대에 지어진 일본식 고급 주택을 리모델링한 것으로, 건축적으로도 가치가 있다고 한다. 분재와 석등, 잘 다듬은 나무가 있는 일본식 정원과 이층으로 된 본채 건물은 보존 상태가 아주 좋다. 일본집 특징인 사방으로 난 창이 있어 시간에 따라 햇빛이 들어오는 정도가 다르고, 뒤뜰까지 구석구석 잘 꾸며 놓아 앉는 자리에 따라 다채로운 풍경을 즐길 수 있다. 빈티지한 가구에 놓인 여러 아이템과 빈티지한 옷장의 원피스, 린넨 소품, 고풍스러운 찬장 안의 식기와 그릇들이 여심을 흔들기 충분하다. 계절마다 소품과 분위기가 바뀌어 사계절 목포로 떠나고 싶게 만든다. 커피 등 음료와 식사도 가능하다.

목포시 해안로 165번길 45. 근대역사관 별관 근처 ● 061-247-5887 ● 11:00~22:00 ● 에스프레소 5,500원 아메리카노 6,600원 ● 첫째, 셋째주 월요일 휴무 ● 주차 불가

작가의 작업실
카페 2015

목포에서 가장 세련된 문화공간이자 카페를 꼽으라면 단연 카페 2015이다. 갤러리이자, 공연장, 문화예술을 체험할 수 있는 플레이 공간 등 다목적으로 이용되는 이곳의 주인장은 젊은 미술가이다. 자신의 작업실을 문화공간 겸 카페로 내놓았다. 누구라도 노트 한권, 연필 한 자루 들고 와 자기만의 이야기를 쓰거나 커피를 마시며 쉬거나 도자기 머그컵을 만들 수 있는 쉼터이자 체험장이자 놀이터이다.

음료는 커피류와 카페 오렌지 몬스터, 중독 시리즈, 오리지널 모히토, 허니레몬에이드 등 보기도 좋고 맛도 좋은 메뉴들이 있다.

목포시 마인계터로 44. 메가박스 맞은편 ● http://pop__art.blog.me ● 13:00~00:00 ● 딸기레옹 6,800원 ● 주차불가

전통차가 맛있는 카페
춤추는 커피

목포의 신시가지인 하당에서 오픈하여 구도심으로 이전한 카페이다. 아기자기한 인테리어와 친절함, 맛으로 단골이 특히 많다. 메뉴도 독특한데, 유자차, 대추차, 단팥죽, 팥빙수 등 전통 음료와 간식이 깊은 맛을 선사하는 것으로 유명하다. 남녀노소 누구에게나 인기 있는 것은 당연지사.
특히 유자청을 갈아 슬러시 형태로 만들어 내는 아이스 유자차의 맛이 좋기로 유명.

목포시 노적봉길 12-1. 코롬방제과 인근 ● 061-287-0877 ● 10:00~23:00 ● 아이스 유자차 5,000원 대추차 4,500원 단팥죽 6,000원 팥빙수 6,000원 ● 비정기 휴무 ● 인근 주차가능

Accommodation
숙박

조용히 쉬어갈 수 있는 한옥스테이
낭만목포
hannokstay.ze.am

목포를 찾은 외국인 여행객과 내국인 여행객이 만나는 한옥스테이. 오픈 1년 만에 2015 부킹닷컴 게스트 리뷰 어워드에서 '매우 만족'이라는 평가를 받은 인기 숙소이다. 1930년에 지은 한옥을 현대적으로 리뉴얼한 곳으로, 도미토리와 개별룸으로 운영하고 있다. 유달산과 코롬방제과, 목포역과 가까운 구도심 한복판에 있어 목포 여행을 계획하는 이들에게 최적의 위치이다. 최소 1일전 사전 예약제를 운영하며, 셀프 체크인 시스템이다. 한옥이라 소음 등의 최소한의 예의가 필요하다는 것은 기억하자.

목포시 마인계터로40번길 2-12 ● 010-2682-1593 ● 체크인15:00 체크아웃10:00 ● 조식 제공 ● 도미토리룸 25,000원
1인 단독 40,000원 2인실 60,000원 ● 주차 가능

항구의 낭만적인 풍경을 자랑하는

마리나베이

marinabayhotel.co.kr

항구만의 풍경을 즐기고 싶다면 마리나베이로 숙박을 정해보자. 이른 아침 바다 위로 햇살이 빛나고, 늦은 밤 정박한 배의 불빛으로 수놓은 밤바다 풍경을 볼 수 있는 탁월한 위치에 있다. 바로 옆에 목포항과 요트마리나항이 있고 창 밖으로 항구 풍경과 삼학도가 그림처럼 펼쳐진다.

전 객실이 항구를 향해 있어 룸 스타일과 상관없이 목포항의 풍경을 즐길 수 있는 것도 장점이다.

1층에 커피숍과 프런트가 있고, 객실은 온돌 한실과 침대가 있는 양실로 나뉜다. 패밀리룸에는 간단한 취사공간도 있어 리조트 부럽지 않다. 팝아트로 포인트를 준 깔끔한 객실 인테리어도 돋보인다.

목포시 해안로249번길 1. 목포항 인근 ● 061-247-9900 ● 더블베이-한실 6~80,000원 디럭스베이-프리미엄 한실 7~140,000원 패밀리 한실 10~180,000원 ● 체크인 15:00 체크아웃 11:00 ● 조식 가능 ● 주차 가능

게스트하우스 그 이상의

목포 1935

cafe.daum.net/mokpo1935

1935년은 목포의 봄이 불던 시기다. 도심부는 구획이
정리되었고, 이난영의 '목포의 눈물'이 발표되어 전국으
로 히트하였고, 목포가 6대 도시에 손꼽히던 시절이다.
목포 1935는 구도심에 위치한 게스트하우스이자 목포
의 문화 플랫폼 역할을 하는 문화공간이다.

구도심의 젊음의 거리를 걷다 골목으로 살짝 들어서면
일제강점기에 지은 고택과 옛 춘화당 한약방 간판이 보
인다. '목포1935'는 이 고택을 게스트하우스로 멋지게
변신시켜 놓았다. 한옥체험관 춘화당은 특실 1개, 일반
실 3개가 있고, 담장을 마주한 별채는 도미토리로 운영
되고 있다.

천정을 높게 터 한옥의 멋스러움을 배가시켰고, 침대를
놓은 것이 특징이다. 잔디가 있는 앞마당도 운치를 더
한다. 도미토리는 마당을 가운데 둔 ㄱ자 집으로, 남녀
따로 방을 운영하고, 마당은 공유한다. 조리대가 2곳,
욕실도 2곳이고, 침구류 등도 깔끔하게 관리하고 있어
이용하기에 불편함이 없다.

입구 쪽의 상가 건물은 복합문화공간 '봄'으로 운영하
고 있다. 대표인 안치윤 씨는 무대감독으로, 공연을 하
면서 목포와 인연을 맺은 후 이곳에 '목포1935'를 열었
다. 매주 토요일 상설문화행사를 여는 등 카페이자 갤
러리, 공연장 등의 역할을 하며 여행객, 지역민과 특별
한 공감대를 만들고 있다.

이곳의 매니저는 목포 토박이로, 목포의 역사와 다양한
이야기 등을 들려준다.

목포시 영산로59번길 35-6. 젊음의 거리 내 ●061-243-1935
●특실(2인기준) 130,000원 2~4호실 각 100,000원(3인 기
준) 모두 조식 불포함. 별채 도미토리 1인 25,000원 ●체크인
16:00 체크아웃 11:00 ●조식 가능 ●주차 인근 공영주차장

목포 그 자체, 유달산

바다 위로 석양이 내려앉으면 섬들은 수묵화 그림 같은 그림자를 만들고 밤바다에 반짝이는 어선의 불빛들. 황홀한 풍경이 끝없이 펼쳐진다.

유달산

"유달산에 오르지 않고 목포를 봤다고 말하지 마라"

목포 사람, 목포가 고향인 사람, 목포를 여행한 사람, 모두 입 모아 하는 말이다. 유달산에 오르면 목포항과 삼학도, 점점이 펼쳐진 다도해와 도심이 한눈에 들어온다. 어둑해지면 섬들은 수묵화 같은 그림자를 만들고 바다 위로 내려앉는 석양, 밤바다에 반짝이는 어선의 불빛들. 황홀한 풍경이 끝없이 펼쳐진다.

목포의 모든 풍경을 품은 산.

늘 그 자리에서 묵묵히 바라보며 버티어 온 산.

유달산은 목포 그 자체이다.

병풍의 수폭처럼 기암괴석이 어우러져 병풍처럼 보인다 해서 호남의 '개골산(금강산의 여름 별칭)'이라는 별칭을 지니고 있다.

유달산은 해발 228.3m에 불과하고, 입구부터 40여 분이면 정상에 오를 수 있는 작은 산이다. 그러나 노령산맥이 바다를 향해 뻗어나가다 맨 마지막에 주춤한 봉우리여서 늠름한 자태에다 그 앞으로 다도해가 펼쳐져 풍광이 특히 아름답다.

아침 해를 받은 봉우리가 쇠가 녹는 듯 붉은 색으로 변하여 유달산(鍮達山)이라 하였으나, 전국의 문사들이 한시 백일장을 여는 목포시사(木浦詩社)가 1907년 생긴 이후 선비 유(儒)를 써서 유달산(儒達山)이라 한다. 영혼이 거쳐 가는 곳이라 하여 영달산이라 하는데, 일등바위(율동바위)에서 영혼이 심판을 받은 후 이등바위로(이동바위)로 이동하여 대기하다가 극락세계로 간다는 전설이 전해진다.

풍광 좋은 곳에 대학루, 달성각, 유선각, 소요정 등 6개의 정자가 있어 쉬엄쉬엄 오르기 좋다. 입구의

노적봉과 투구바위 등 충무공 이순신 장군과 관련된 볼거리, 이 충무공 동상, '목포의 눈물' 기념비, 난 전시관, 우리나라 최초의 조각공원이 있어 한나절 이상의 코스로 충분하다.

또한 세계에서 유일하게 남은 왕자귀나무가 서식하고, 봄이면 목련과 벚꽃, 개나리가 장관을 이뤄 계절 여행지로도 강추한다. 2.7km의 유달산 일주도로는 유달산과 시가지, 다도해를 감상할 수 있는 최적의 드라이브 코스로 꼽힌다.

🚗 어떻게 갈까?

목포종합버스터미널
버스 ● 1, 200, 300번을 타고 옛 한진약국 버스정류장(목포역)에서 하차. 약 30분 소요
택시 ● 터미널에서 유달산 입구까지 약 15분 소요(약 7,000원)

목포역
도보 ● 유달산 입구까지 약 15분 소요
택시 ● 목포역에서 유달산 입구까지 약 3분 소요(약 3,800원)

 **추천 코스**

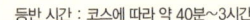등반 시간 : 코스에 따라 약 40분~3시간

1 최단 코스(약 40분~1시간)

노적봉 · 이순신장군 동상 · 대학루 · 이난영 노래비 · 달선각 · 유선각 · 관운각 · 일등바위

2 《목포 여행 레시피》 추천 코스(약 2시간 30분)

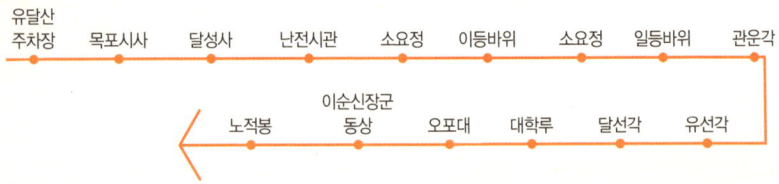

유달산 주차장 · 목포시사 · 달성사 · 난전시관 · 소요정 · 이등바위 · 소요정 · 일등바위 · 관운각
노적봉 · 이순신장군 동상 · 오포대 · 대학루 · 달선각 · 유선각

3 유달산 둘레길(약 2시간 30분)

유달산 주차장 · 목포시사 · 달성사 · 특정자생식물원 · 조각공원 · 어민동산 · 봉후샘
유달산 주차장 · 유달산 휴게소 · 학암사 · 수원지 뚝방길 · 아리랑고개 · 낙조대

♀ #Travel Tips

❶ 목포역에서 걸어서 갈 수 있다. 일행이 있다면 택시를 타도 좋다.

❷ 대학루에서 출발하여 일등봉까지 약 40분이 걸린다.
유달산 전체를 둘러보는 데는 3시간 정도 걸린다.

❸ 근대문화역사 코스의 일본인 마을과 가까워 다양한 여행코스를 계획할 수 있다.

❹ 유달산 입구에 식당가가 있고, 대학루에서 올라가는 길에는 휴게소가 있다.
다른 코스에는 휴게소가 없으니 물과 간식을 준비하자.

❺ 여행하기 가장 좋은 시기는 봄꽃이 만개하는 4월 초.

인어상
신안비치호텔
유달유원지
목포해양대학교
유달산 일주도로
낙조대
마당바위
관운각
일등바위
이등바위
소요정
어민동산
북항
보광사
유선각
달성사
천자총통
달선각
목포의눈물 노래비
유달초등학교
대학루
난전시관
목포시사
이훈동 정원
오포대
새천년 시민의 종
이순신장군 동상
팔각정
노적봉
목포항
달성공원
조각공원

충무공의 전설이 깃든
노적봉

구도심의 오래된 골목과 집을 지나 오르면 큰 바위가 눈에 들어온다. 바위라 하기에는 너무 크고 산이라 하기에는 작은, 노적봉이다. 해발 60미터의 노적봉에는 이순신 장군의 호국혼이 담겨있다.

이순신 장군은 임진왜란 당시 12척의 배로 명량대첩을 승리로 이끌었지만 군사와 군량미는 턱없이 부족한 상태였다. 유달산 앞바다에 왜선이 진을 치고 조선군의 정세를 살피자 이순신 장군은 노적봉에 이엉(볏짚)을 덮어 군량미가 산처럼 쌓인 것처럼 위장하였다.

주민들에게도 군복을 입고 다니도록 하고, 백토를 풀어 마치 쌀뜨물처럼 보이게 하여 바다에 흘려 보냈다. 군량미와 군사가 많은 것처럼 보인 위장술에 왜군이 스스로 물러났다는 이야기가 전한다. 부녀자들로 하여금 남장을 해 노적봉을 돌게 한 전술은 훗날 강강수월래로 이어졌다고도 한다.

노적봉의 기를 받으면 건강에 좋다고 하여 유달산의 다산목과 함께 소원을 비는 곳으로도 유명하다.

화포를 쏘아라!
천자총통

임진왜란 당시 거북선에 설치되어 왜적을 무찌른 대포 '천자총통'. 조선시대 가장 큰 총통으로, 한번 발사할 때마다 포가 천이백보(약 960m)를 날아가는 성능을 자랑했다. 고려말 최무선(崔茂宣)이 만든 대장군포(大將軍砲)를 발전시킨 것이다.

이순신 장군의 전적이 남아있는 유달산에 1555년(명종 10년)에 주조된 천자총통을 재현해 놓았다. 그리고 국내에서 유일하게 직접 점화하는 체험을 해볼 수 있다. 당시 의상까지 갖춰 입고 발포하는 체험은 학생들과 어른에게도 인기가 높다. '목포 유달산 체험 프로그램(www.skygun.kr)' 또는 목포 시청 사이트(www.mokpo.go.kr)에서 예약 후 참가할 수 있다.

- 체험 : 주말 및 공휴일, 축제기간 등
- 시간 : 11:00~13:00(발사는 12시)
- 참가비 : 1팀 2만원 (1팀 3~4명 구성)
- 신청 : 사전예약제 (인터넷 접수)

목포 피사의 탑
이순신 장군상

유달산 입구의 이순신 장군 동상이다. 전장을 호령하던 모습을 그대로 닮은 이 동상은 1974년에 8월 15일 광복절에 세웠다. 비명은 박정희 전 대통령이, 이은상, 최순우, 최영희 선생의 고증과 심의를 통해 탄련하 선생이 조각하였다.

놀라운 것은 높이 3.7미터의 동상이 피사의 사탑처럼 옆으로 살짝 기울어져 있다. 중심선을 기준으로 투구에 이르는 기울기가 0.5도 틀어져있다. 이는 일본쪽을 정확하게 바라보기 위해 일부러 기울게 세운 것이라고 한다. 죽어서도 일본 쪽을 살피고 기운을 약하게 만들어 다시 침략하지 못하게 하기 위해서이다. 혹자는 장군이 칼을 뽑는 순간의 모습을 재현하기 위해 기울어지게 만들었다고도 한다.

유달산의 누정

유달산은 누구에게나 쉼터를 제공하는 친절한 산이다. 산의 초입부터 중턱, 정상에 이르기까지 풍광 좋은 곳이면 어김없이 누정이 있다. 숨이 가빠올 때면 나타나는 반가운 공간이기도 하다. 전망대 역할도 하는 누정에서 목포 시가지와 목포항, 점점이 펼쳐진 다도해를 눈에 담으면 어느새 마음이 탁 트인다.

유달산을 거닐어 보시게
소요정

평지처럼 산책하기 좋은 터에 위치해 '거닐다'는 뜻
의 '소요정'. 일등바위와 이등바위 사이에 위치한 전
각으로 1966년에 세워졌다. 해양대쪽으로 눈을 돌
리면 고하도와 압해도를 비롯한 다도해 해상국립공
원이 눈앞에 펼쳐져 다도해 전망대라는 별칭이 붙
어있다. 해질녘 낙조 풍경도 유명하다.
난 전시관 쪽을 바라보면 목포 시내가, 이등바
위 쪽을 바라보면 북항이 보인다. 맑고 푸른 날
에는 무안의 망운과 지도까지 조망할 수 있다.

삼학도와 일본인 마을이 한눈에 보이는
대학루

일정이 바빠 유달산의 많은 누정 중에서 한 곳
만 선택해야 한다면 대학루를 추천한다. 유달산
초입에 위치한 누각으로, 입구에서 5분 정도 오
르면 시가지와 목포항, 삼학도까지 조망할 수
있는 최적의 장소이다. 1984년에 세워져 시민
휴식 공간으로 인기있다.
학을 기다린다는 뜻의 대학루는 멀리 시선을 두
면 삼학도와 목포항이 펼쳐지고, 바로 아래로는
일본인 마을과 특히 이훈동 정원이 한눈에 들어
온다.

신선이 춤을 추는
달선각

통달할 달(達)자와 신선 선(仙)자의 달선각. 대학
루에서 유선각 가는 중간에 위치해 있다.
올라갈수록 다도해의 서쪽 방향이 눈에 들어오는
데, 달선각의 바닥에 방위를 나타내는 나침반이
그려져 있어 방향을 짐작하여 목포 시내를 관망할
수 있다. 유달산 일주도로와 목포역도 보인다. 달
선각에 이르는 길에 누운 얼굴바위, 노적봉, 투구
바위가 있다.

쉬어가는 곳
유선각

달선각을 지나 아치형 난간의 곧은길을 따라 올라가면 개
나리와 동백나무, 전나무가 바다와 마주하는 곳, 유달산
새소리와 목포항 뱃고동 소리가 들리는 유달산 최고의 전
망대 유선각이다.
유달산 중턱에 위치해 목포항과 시가지, 영산호, 다도
해, 멀리 영암군까지 펼쳐지는 전망을 품고 있다. 1932
년에 전통양식의 목조로 지었으나 풍파에 무너지고
1973년에 개축하여 지금에 이르고 있다. 시인 묵객들이
풍류를 즐긴 곳으로, 무정 정만조 선생이 유선각(儒仙閣)
이라 이름 지었다.
편액은 1951년 유달산에 왔다가 아름다움에 반한 독립
운동가이자 정치인인 해공(海公) 신익희(申翼熙) 선생이
남겼다. 유선각 앞에는 개축 때 세운 표비가 있다. 달선
각에서 유선각에 이르는 길에 애기바위(두엄씨바위), 조
대바위(낚시터바위), 고래바위, 종바위 등을 볼 수 있다.

고하도의 일몰을 보고 싶다면
관운각

일등바위 아래에 있는 누각으로 유달산에서 가장 높은 곳에 위치해 있다. 볼 관(觀)에 구름 운(澐)을 써서 '관운각'이라 하는데, 목포팔경의 하나인 용당귀범(龍塘歸帆)을 볼 수 있는 곳이다.

용당귀범은 고하도 용머리를 돌아 목포항으로 들어오는 배들의 풍경을 말한다. 관운각 주변에 나막신 바위, 입석 바위가 있다.

여덟 가지 목포 풍경
팔각정

유달산 일주도로를 지나 난 전시관 인근에 위치해 있다. 이등바위를 지나 난 전시관을 둘러보고 내려가는 이들이 쉬어가는 곳이다. 1984년 목포시 라이온스 클럽에서 기증한 것으로, 배흘림기둥과 팔각정 내부 단청 그림이 독특하다.

홍도의 독립문, 관운각, 영산강하구둑, 유선각, 갓바위, 다도해, 목포항, 삼학도 목포 8경을 그려놓았다. 유달산에서 가장 벚꽃이 아름다운 길가에 있다.

황홀한 일몰

낙조대

목포역에서 1, 2번 버스를 타고 낙조대 정류장에서 하차, 약 25분 소요

유달산 낙조대에 오르면 산과 바다를 한꺼번에 즐길 수 있다. 해질 무렵이면 붉게 물든 다도해의 수려한 경관이 황홀하게 펼쳐진다. 특히 고하도 용머리 너머로 지는 낙조를 볼 수 있는 최상의 위치이다. 부안 변산의 낙조와 견줄 만큼 낙조대의 일몰은 유명하다.

어둠이 짙어지면 고하도의 오색등과 섬 사이를 오가는 배의 불빛이 바다를 수놓아 야경을 보기에도 좋다. 낙조대 뒤편에 있는 다산목은 소원을 빌기 위해 찾는 이들이 많다. 낙조대는 목포 시민을 위해 기업은행에서 2003년 10월에 기증한 전각이다.

밤에는 인적이 많지 않으니 안전에 유의하자. 가까이 버스정류장이 있어 유달산에 오르지 않고도 낙조대에 갈 수 있다. 유달 유원지와 함께 돌아보는 코스로도 추천한다.

구슬픈 노랫자락
목포의 눈물비

사공의 뱃노래 가물거리며 삼학도 파도 깊이 스며드는데
부두의 새악시 아롱 젖은 옷자락
이별의 눈물이냐 목포의 설움
삼백연 원안풍은 노적봉 밑에 임 자취 완연하다 애달픈 정조
유달산 바람도 영산강을 안으니 님 그려 우는 마음 목포의 설움
깊은 밤 조각달은 흘러가는데 어쩌다 옛 상처가 새로워진다.
못 오는 님이면 이 마음도 보낼 것을
항구에 맺은 절개 목포의 사랑

어디선가 들리는 노래를 따라 오포대 뒤로 약 40미터 올라가면 바윗돌 위에 '목포의 눈물 노래비'가 있다. 목포가 낳은 국민가수 이난영의 노래비로, 비가 오나 눈이 오나 사시사철 노래가 흘러나온다. 1969년 6월 목포악기점을 운영하는 박오주 씨가 기증한, 우리나라 최초의 대중가요 노래비이다.

'목포의 눈물'은 1934년 조선일보 향토노래 공모에서 당선작으로 선정된 노래다. 문일석 씨의 가사에 손목인의 곡을 붙였고, 이난영의 목소리와 만나 강점기 최고의 히트곡이 되었다. 나라 잃은 슬픔을 달래는 민족의 망향가, 진혼곡이라는 평가를 받았고, 목포에서는 민요와 같은 위상을 지니고 있다.

정오를 알려주는
오포대

대학루 옆 바위 위에 놓인 포대로, 1909년 4월부터 정오를 알리기 위해 설치되었다. 정오가 되면 포를 쏘아 사람들에게 시간을 알렸는데, 일제가 전쟁 공출로 걷어가 버렸다.

1988년에 1669년(현종 10년)에 제작된 조선식 선입포를 복원하여 전시하고 지방문화재 제138호로 지정·보호하고 있다.

불과 3~40년 전까지도 목포부청의 직원이 정오가 되면 포구에 화약과 신문지 등을 넣고 포를 쏘았다고 한다. 그때 굉음과 함께 휴지조각이 상공으로 흩어지는 광경을 보기 위해 구경꾼들이 몰리기도 하였다.

유달산의 기암괴석들

유달산은 높은 봉오리가 바위로 되어 있고 나무와 어울려 멋진 동양화를 보는 듯하다. 독특한 모양의 기암괴석이 많아 악한 기운을 없애려고 나무를 베었다는 이야기가 전해질 정도이다. 바위마다 생김새가 다르듯 전해오는 이야기도 다양하다. 이름도 재미있는 바위 이야기를 따라 유달산을 색다르게 즐겨보자.

유달산 가장 높은 곳
일등바위

유달산 최고 봉우리로, 목포를 한눈에 보고 싶다면 일등바위까지 올라보자. 높은 산은 아니지만 일등바위 근처는 대부분 바위로 되어 있어 그리 호락호락하지는 않다. 관운각 아래 길을 가다보면 일등바위로 올라가는 계단이 있다. 바위에 오르면 이마에 맺힌 땀이 아깝지 않도록 멋진 목포의 전경이 펼쳐진다. 유달산 여러 봉우리들이 아래 보이고 멀리 목포 도심과 다도해, 수평선까지 오롯이 즐길 수 있다.

얽힌 이야기로는, 사람이 죽으면 일등바위(율동바위)에서 심판을 받은 후 이등바위(이동바위)로 이동해 대기하였다고 한다. 극락으로 가는 영혼은 세 마리 학(삼학도)이나 고하도 용머리의 용을 타고, 용궁으로 가는 영혼은 거북섬(목포와 압해도 사이의 섬)에 있는 거북이 등을 타고 간다고 한다.

마부가 말을 끄는 모습의
이등바위

두 번째로 높은 봉우리이다. 소나무 사이에 거대한 소원 탑을 쌓은 듯 보이고, 목포 시내에서 바라보면 마부가 말을 끄는 모습을 닮았다고 한다. 일등바위에서 심판 받은 영혼은 이 바위로 이동해 대기한다고 하여 '이동바위'라고도 한다. 영혼을 실어 나르는 마부가 아닐까 하여 '독승바위'라는 별칭도 갖고 있다.

넓은
마당바위

관운각 근처에 있는 바위로, 마당같이 넓어 마당바위라 불린다. 10여 명이 앉아서 쉴 수 있는 정도 넓이로, 과거에는 이곳에서 봉화불을 올렸으리라 추측한다. 마당바위에 오르는 계단은 마당바위 능선을 깎고 시멘트로 마감하여 만들었다. 이곳에서 일등바위의 정면이 보이고, 손가락바위도 볼 수 있다.

전투구를 닮은
투구바위

유선각으로 향하는 계단 왼편에 여러 바위가 옹기종이 모여 있다. 그 중에서도 눈길을 끄는 것이 날렵한 모양의 투구바위다. 비스듬히 보면 가우디가 지은 '까사 밀라'의 굴뚝이 연상된다. 어떤 이들은 코뿔소의 뿔을 닮았다고도 한다. 이 바위에는 이순신 장군과 관련된 이야기가 전해진다. 장군은 고하도에서 108일간 머물며 목포를 오가는 배의 통행세를 곡물로 받아 군량미를 확보하였다. 군량미를 비축하여 고금도로 떠나기 전 이순신 장군은 유달산에 올라 왜적이 목포 땅을 넘보지 못하도록 투구를 벗어 두었는데, 그것이 투구바위가 되었다고 한다.

옆모습을 닮은
얼굴바위

일등바위 아래에 있는 큰 바위더미의 이름은 얼굴바위이다. 사람의 옆모습을 닮았다고 해서 붙여진 이름이다. 입을 벌리고 큰 소리를 지르는 모습처럼 보이기도 하는데, 이등바위 쪽에서 보면 로댕의 '생각하는 사람' 얼굴을 닮았다.

목포를 낚는
조대바위

큰 바위에 비스듬히 기대 책상다리로 앉아 있는 형상의 바위다. 고하도 앞바다에 낚싯대를 드리우고 조용히 생각에 잠긴 강태공을 닮았다고 해서 낚시바위로도 불린다. 길게 늘어진 고하도와 다도해의 풍경, 산 아래 온 금동의 모습을 볼 수 있는 전망이 멋있다.

등에 업힌
애기바위(두 엄씨바위)

애처로운 이름의 '애기바위'는 관운각과 마주보는 바위이다. 큰 엄씨가 애기를 업고, 그 뒤로 애기를 업은 작은 엄씨가 서 있는 형상으로, '애기바위', '큰 엄씨·작은 엄씨 바위', '두 엄씨 바위'라고도 한다. 거센 바다 바람을 등지고 애처로운 모습을 하고 있어, 배를 타고 떠난 남편을 기다리는 목포 아낙들의 슬픔이 느껴진다.

하늘을 바라보고

누운 얼굴바위

달선각을 지나 유달산 제3휴게소 앞에 위치해 있다. 작은 바위들이 뒤엉켜 있어 얼핏 어떤 모습인지 알기 어렵다. 옆쪽에서 볼 때 남쪽을 향해 머리를 두고 누워 하늘을 바라보는 노인 얼굴을 닮았다 해서 '누운 얼굴바위'라 불린다. 바람이 부는 날이면 목포에서 한 생을 보낸 노인의 깊은 회한이 느껴지는 듯하다.

만지고 가세요

고래바위

유선각을 지나 일등바위로 오르는 가파른 계단길 시작 지점에서 위를 올려다보면 고래가 입을 벌린 모습의 바위가 보인다. '고래바위'라고도 불리고, 두꺼비를 닮아 '두꺼비 바위'라는 별칭이 붙었다. 고래의 입 부분은 등산객들이 한 번씩 만져보고 가는 유달산의 명물이다.

선비 정신이 향기로 가득한
난 전시관

유달산 동쪽, 달성사를 지나면 산자락에 유리로 된 건물이 보인다. 1983년 5월 개원한 현대식 난 식물원으로, 2개 동의 전시실로 되어있다. 전국에서 자라는 춘란, 풍란을 비롯해 한국란 38종과 동양란 120종, 양란 94종 등 총 240여 종 1,300분의 난이 있어 은은한 향에 취하게 된다. 난은 예부터 향이 부드럽고 은은하여 고고한 선비들의 정신을 상징했다.
이곳 난 전시관은 난의 배양과 재배에 성공하여 저렴한 가격에 육종을 분양하고 있다. 난을 살 수도 있어 관심 있다면 한번쯤 찾아볼 만하다. 매년 봄에는 우리나라의 야생란 전시회를 비롯해 다양한 난 전시회가 열린다.

희망의 종소리를 울려라!
새천년 시민의 종

노적봉 자락의 종각에는 조선시대 포를 쏘아 정오를 알리던 오포대의 역할을 이어받은 새천년 시민의 종이 있다. 21세기의 희망을 상징하여 하루에 21번 타종한다. 남쪽을 향하는 보통의 종각과 달리 중국 대륙을 향한 서쪽에 세워진 것은 대륙으로 뻗어나가는 의지의 반영이라고 한다.
몸체에 목포를 상징하는 세 마리 학과 목포 시화인 목련, 시목인 비파나무가 조각되어 종 전체가 목포를 드러낸 것이 특징이다. 몸체의 '새천년 시민의 종' 글씨는 여초 김응현 선생의 글씨이고, 종각의 현판은 김대중 전 대통령의 필체이다.

요새를 닮은 절

달성사

유달산을 10여 분 오르면 둘레길과 이어진 길에 달성사 이정표가 보인다. 목포에서 유일하게
문화재를 보유한 사찰로 조계종 대둔사의 말사이다. 산자락의 사찰이라 주변으로 석축을 둘러
싸고 높은 돌계단으로 이어져 있어 마치 성에 오르는 듯한 기분이다. 계단을 따라 극락보전과
명부전에 이르면 목포의 시가지가 눈에 들어와 전망도 좋다.

극락보전에는 목조아미타삼존불좌상(전라남도 유형문화재 제228호)을, 명부전에는 목조지장
보살반가상(전라남도 유형문화재 제229호)을 모시고 있다. 아미타불은 양쪽 어깨를 모두 덮은
법의와 U자형으로 표현된 옷의 주름과 군의(裙衣) 자락, 연꽃 모양의 승각기(가슴을 덮는 속옷)
가 눈길을 끈다. 지장보살상은 고려말의 양식으로 그 의미가 높다고 한다.

시(詩)집
목포시사

목포시 유달로 165 (죽교동 330-3)

유달산 조각공원 방향으로 걸으면 인적이 드문 곳에 고고한 자태를 뽐내는 한옥이 보인다. 문인들이 시문을 독려하고 자연과 시를 노래했던 풍류의 장소, 목포시사(木浦詩社)이다. 팔작지붕에 정면 4칸 측면 1칸 반의 건물로, 돌 기단 위에 민흘림 원형기둥을 세웠다.

목포시사는 국내 유일의 시사로, 1890년에 하정 여규형이 건립하여, 문인들에게 시문을 가르치며 백일장을 주도하던 곳이다. 1920년에 무정 정만조가 다시 확장시켜 유산사로 개명하였고, 유산시사의 영향을 받아 결성된 목포 시내의 보인시사(輔仁詩社)와 합쳐 1937년 목포시사가 되었다.

이곳에서 섬으로 유배당해 오가던 중앙의 문인들이 회포를 풀면서 중앙과 지방 문인의 문학 교류가 이루어졌다. 일제 강점기에는 망국의 한과 우국충정을 토로하는 유림의 문학결사단체로 이어졌다. 지금도 매년 봄 가을에 백일장을 열어 한시의 명맥을 이어가고 있다. 시사에는 정만조의 문집을 비롯하여 한말의 전적(典籍), 한시현판(漢詩懸板), 백일장에서의 입선작 및 문인들의 시고(詩稿)를 소장하고 있다.

옥상공연장
노적봉 예술공원

노적봉 아래에 위치한 공원으로 목포의 종합 전시 홍보관이다. 본관과 별관으로 나뉘어져 있는데, 본관이 전시관과 홍보관으로 사용된다 1층 미술관은 주로 특별전시가 열리며, 2층 홍보관에는 목포의 포괄적인 문화, 역사, 예술 전시와 함께 故김대중 전 대통령 추모관이 위치해 있다. 독특하게도 3층은 야외공연장으로 만들어져 있는데, 다양한 문화행사와 가요제가 열린다.

목포시 유달로 116 ● 061-270-8300 ● 평일 09:00~18:00, 토·일·공휴일 09:00~18:00 ● 매주 월요일, 1월 1일 휴관. 그 외 시장이 정하는 휴관일 ● 무료 관람

자연과 조각 작품이 만드는 조화로움
조각공원

연중무휴 ● 무료 입장 ● 추천 시기 3~4월, 9~10월

유달산 일주도로를 따라 오르면 넓은 하늘아래 시원하게 트인 목포 시가지 풍경이 보이고 조각 작품들이 하나 둘 눈에 들어온다. 이등바위로 향하는 길목에 위치한 유달산 조각공원은 1982년 10월 우리나라에서 처음으로 조성되었다. 유달산의 자연경관과 잘 어울리는 조각품이 전시되어 있다. 초기에는 국내 작가의 작품을 전시하다가 지금은 작품성을 인정받은 국내외 작품도 전시하고 있다. 다양한 꽃나무와 희귀목, 조각이 어우러져 있고, 야외음악당과 분수대, 휴게소 등의 편의 시설도 있어 시민들의 큰 사랑을 받고 있다.
조각공원 내에는 공원 조성 이전부터 있던 관음사(觀音寺)가 있다.

목포의 희로애락 간직한
삼학도

멀리서 보면 크고 작은 학(鶴) 세 마리가 앉아 있는 것처럼 보여 삼학도라 한다. 낮은 구릉성 산지인 대삼학도 중삼학도 소삼학도 3개의 섬으로 이루어진 삼학도는 예부터 목포의 명승지였다.

삼학도

목포항 바로 앞의 삼학도(三鶴島)

삼학도는 '목포의 눈물'로 전국에 이름이 났지만, 조선시대부터 유달산과 함께 목포의 명승지였다. 멀리서 보면 크고 작은 학(鶴) 세 마리가 앉아 있는 것처럼 보인다고 해서 삼학도라고 불렀다.

낮은 구릉성 산지인 대삼학도 중삼학도 소삼학도 3개의 섬인 삼학도는 조선시대 목포진에 땔감을 공급하던 임야였다. 1897년 개항 이후 유인도가 되었는데, 한일합방(1910년) 이후 고하도와 함께 일본인의 차지가 되었다. 이후 채석장으로 쓰이면서 크게 훼손되었다.

1950년대 목포항이 좁아 대형 선박을 위한 신항 공사를 하면서 삼학도는 모습이 많이 바뀌었고, 1968년부터는 세 개의 섬 외곽에 둑을 쌓고 안쪽 바다를 메워 육지와 완전히 이어버렸다. 그 자리에 공장, 조선소, 부두와 골재, 야적장 등이 들어서 난개발되고 섬은 원형을 완전히 잃어버렸다.

목포시가 2004년부터 삼학도 일대를 복원해 공원으로 되살리면서 뭍으로 바뀐 삼학도가 섬의 모습을 되찾고 있다. 현재 중, 소삼학도 사이에 길이 760미터 수로를 파서 2킬로미터에 이르는 물길을 만들고 바닷물을 끌어들여 섬의 모습을 일부 복원하였다.

섬을 둘러싼 수로 9곳에 다리를 놓고, 산책로와 난영 공원, 체육시설 등을 설치하였다. 중삼학도 남쪽에는 2013년 김대중 노벨평화상기념관이 개관하였고, 소삼학도에는 어린이바다과학관이 문을 열었다.

삼학도 설화

세 마리 학을 닮았다 하여 삼학도라 불리지만 명칭과 관련하여 수십 개의 이야기가 전해져 온다. 주된 내용은 이러하다. 인물이 수려한 젊은 장수가 유달산에서 수련을 하며 살았다. 그는 칼과 활 솜씨는 물론이고 시와 노래까지 빼어났다. 유달산 아래 갯마을의 세 처녀는 우물가로 물을 길러 다니다 수련 중인 젊은 장수를 보고 흠모하게 되었다.

이에 마음이 흔들린 젊은 장수는 세 처녀에게 자신을 떠나달라고 부탁을 한다. 새벽 작은 배를 타고 정든 목포항을 떠나는 세 처녀를 보고 장수는 슬픔과 후회에 휩싸였다. 배를 멈추기 위해 화살을 쏘자 배는 침몰하고 세 처녀는 학이 되어 하늘로 올라갔다. 학이 오른 자리에는 세 개의 섬이 생겨 삼학도라 한다.

또는 장수를 기다리다 죽은 세 처녀의 환생인 학이 유달산 주변을 맴돌자 장수가 활을 쏘았고, 세 마리 학이 떨어진 자리에 섬이 솟았다고 한다.

🚌 어떻게 갈까?

버스 ● 목포역(구한진약국 정류장 승차)에서 삼학도까지 버스로 약 15분 소요.

→ 3번(4차 입구 정류장 하차), 200번(4차 입구 정류장 하차), 1번(동명어시장 정류장 하차) 운행.

목포종합버스터미널(시외버스터미널 승차)에서 삼학도 까지 약 35분 소요.

→ 1번, 1-1번, 1-2번, 112번(동명어시장 정류장 하차) 200번, 300번(4차입구 정류장 하차)

택시 ● 목포역에서 삼학도까지 약 10분, 약 4,000원

📍 #Travel Tips

❶ 삼학도는 근린공원으로, 전시관 내에 카페테리아와 매점이 있다. 식당이 없어 식사 후 쉬엄쉬엄 찾아가자.

❷ 삼학도 내는 걸어서 돌아볼 수 있다. 수로를 따라 만들어진 산책로를 걸어보자.

🧭 추천 코스

난영공원 —— 김대중 노벨평화상 기념관 —— 목포어린이바다 과학관 —— 요트마리나 →

삼학도

못난이빵   자유시장

자유로

용당로

삼학초등학교

목포요트마리나

난영공원

삼학도 공원

김대중 노벨평화상 기념관

목포어린이 바다과학관

목포외항부두

삼학도 근린공원

복원 사업을 거쳐 2007년에 삼학도는 비교적 원형에 가까운 모습을 찾았다. 비록 육지와 이어져있으나 740m에 이르는 수로를 따라 섬과 섬 사이를 바닷물이 흐르고 있다. 수로 위에는 다리를 놓고 1.5km 구간에 산책로와 자전거 도로를 조성하였다. 소형 선박이 다니던 삼학도의 모습을 중심학도와 소삼학도 사이의 물길에서 느껴볼 수 있다. 근린공원 내에는 이난영 공원, 김대중 노벨평화상 기념관, 요트마리나 등 다양한 시설이 있어 시민들의 휴식처로 애용되고 있다.

김대중 노벨평화상 기념관

목포시 삼학로 92번길 98 ● http://kdjnp.mokpo.go.kr/ ● 061-270-8636 ● 09:00~18:00 (매표 17:00 마감) ● 1월 1일 휴무 ● 매주 월요일(월요일이 정부에서 지정하는 공휴일인 경우는 다음날)과 목포 시장이 정하는 날 ● 무료 관람 ● 주차 무료

15대 대통령이자, 목포의 자랑인 김대중의 노벨평화상을 기념한 전시관이다. 김대중 전 대통령은 유년시절부터 정계에 입문하기까지 목포에서 활동하였는데, 이 기간에 정치철학과 민주화 신념이 태동되었다.

기념관은 김대중 전 대통령의 생애와 '민주주의 · 인권 · 평화'의 의미와 가치, '화해와 용서'의 정신을 공유하는 공간이자 체험적 역사교육의 장이다. 1층은 영상관과 카페테리아, 기념품숍이 있고, 생전에 타던 승용차가 로비에 전시되어 있다. 2층 주 전시실에는 2000년 노르웨이 오슬로에서 개최된 노벨 평화상 시상 모습, 당시 해외 언론의 보도 내용과 국내외 환영 모습, 역대 노벨평화상 수상자들 에피소드와 선정 과정에 관한 설명도 있다.

3전시실은 김대중 대통령의 출생, 정치입문과정 민주화를 위해 겪은 고난과 역경의 시기에 대한 전시 공간이며 4전시실에는 대통령 집무실을 재현하여 대통령으로서의 정치적 유산에 대해 설명하고 있다.

목포 어린이바다과학관

아이와 함께하는 여행이라면 들러볼 만하다. 해양과학에 대한 체험 교육을 제공하는 공간으로, 다양한 탐사체험과 생물전시를 함께 할 수 있다. 깊은 바다, 중간바다, 얕은 바다로 나눠 바다 생태계의 동식물을 볼 수 있고, 먹이 모형 체험도 할 수 있다. 또한 영유아를 위한 갯벌 체험관과 요트 모형 및 바다 스튜디오도 운영하고 있다. 바다에 대한 호기심과 상상력을 갖게 해주기에 좋은 체험관이다.

목포시 삼학로 92번길 98 ● 061-242-6359 ● 09:00~18:00(주말 09:00~17:00) ● 1월 1일, 월요일 휴무(월요일이 공휴일일 경우 다음날) ● 어른 3,000원 청소년·군인 2,000원 초등학생 1,000원 유치원생 500원 ● 주차 가능

카누체험

목포시 삼학로 88-56 요트마리나. 대삼학도와 중삼학도 사이 ● 061-282-9781, 061-243-9782 ● 10:00 12:00 14:00 16:00 18:00 (계절에 따라 변동) ● 월요일(기상 상황에 따라 달라질 수 있음) 휴무 ● 카누(2인승) 1대 어른 20,000원 청소년 이하 14,000원 (추가시 청소년 이하 7,000원) 카약(1인용) 어른 10,000원 청소년 7,000원 ● 교육 15분, 체험45분 ● 주차 가능

삼학도에서는 특별한 여유를 즐길 수 있다. 무동력 수상레포츠인 카누&카약 체험에 도전해보자. 카누와 카약, 고무보트를 타고 수로를 따라 삼학도의 지형을 살펴볼 수 있는 체험이다.

이국적인 풍경
요트마리나

목포시 삼학로 88-56 요트마리나 ● www.mokpo-marina.com ● 061-243-9911
● 승선기간 매년 4~10월, 13:00~17:00 ● 11~3월까지 비승선 기간 휴무 ● 입장
료 전화 문의 ● 주차 가능

짙푸른 목포항 앞바다에 흰 요트가 백조처럼 줄 서 있다. 이곳은
15,545m² 규모의 서남권 최고의 마리나 시설이다. 2009년 7
월 요트 세일링을 하기 좋은 조건을 가지고 있는 목포항 수역에
요트 마리나가 준공되었다. 해상 계류장, 육상 계류장, 클럽하
우스, 세미나실, 카페테리아 등 다양한 시설로 이루어져 있다.
일반인이 이용할 수 있는 승선기간은 4~10월까지이며, 이 기
간에는 근거리(2시간 소요)와 평화광장 해양박물관코스를 도는
원거리(4~5시간), 외달도 또는 시아도를 오갈 수 있다.

우리나라 첫 수목장
난영 공원

목포시 산정동 대삼학도 ● 주차는 인근시설과 함께 이용 시 가능

삼학도 입구에 들어서면 대 삼학도가 먼저 보인다.
공장 등이 있던 부지는 이제 나무와 숲이 우거져 목
가적인 분위기가 난다. 산책로를 따라 걸으면 난
영공원이 나온다. 2006년 파주공원묘지에 안장되
어 있던 고(故) 이난영(1916~1965) 여사의 유해
를 이곳으로 옮겨오면서 약 3,300㎡ 부지에 공원
을 조성하였다. '목포의 눈물'과, '목포는 항구다' 노
래비와 우리나라 수목장 1호 이난영 여사의 수목장
나무인 백일홍이 있다.

왁자지껄 목포의 밤
남진야시장

목포시 산정동 1383. 자유시장 ● 061-245-1615 ●
11~3월 금, 토요일 18:00~22:00 4~10월 금, 토요일
19:00~23:00 ● 일~목 휴무 ● 주차 가능

근대 목포의 대표 가수가 이난영이라면, 현대
목포의 대표 가수는 남진이다. 한국의 엘비스
프레슬리라 불리며 대단한 인기를 끈 남진은
목포에서 나고 자랐다.

목포의 남진 사랑을 실감할 수 있는 곳이 바로
'남진야시장'이다. 목포시의 요청을 남진 씨가
흔쾌히 받아들여 문을 연, 전국 첫 야시장이
다. 야시장의 디자인은 모두 '남진 콘셉트'로
꾸며 놓았다. 'T'자형 야시장 골목에는 남진
벽화가 그려져 있고, 포토존에는 남진 얼굴 조
형물을 세웠다. 가게 곳곳에도 남진의 사진 등
이 붙어 있어 절로 노래를 흥얼거리게 된다.

남진야시장은 목포시 산정동 자유시장(신자
유시장)에서 매주 금·토요일 오후 6시부터
10시까지 열리고 있다. 개장한 지 몇 달 안
됐지만 유명세를 타면서 목포에서 가장 핫한
공간으로 꼽힌다.

낮에는 기존 상설시장이지만 금요일, 토요일
밤만 되면 상가와 상가 사이에 개성 넘치는
50여 개 노점이 낙지호롱부터 전복구이, 홍
어전, 불족발, 빠네스프, 호떡을 비롯한 주
전부리까지 다양한 음식을 저렴한 가격에 판
매하고 있다. 미식도시 목포의 이름에 걸맞
게 맛도 뛰어나다.

음식뿐 아니라 액세서리, 공예품 등을 파는 매대도 있어 음식을 사먹고 예쁜 물건도 구경하는
야시장의 즐거움을 만끽할 수 있다. 또한 디제이박스가 설치된 상설무대가 있어 흥겨운 잔치분
위기를 더욱 돋운다. 지역 가수의 공연과 노래자랑, 남진 노래로 꾸민 음악방송 등이 열려 오감
이 즐겁다. 몸과 마음이 나른해질 때 남진야시장으로 가보자.

4

갓바위권

三

갓바위권

목포 8경인 갓바위를 중심으로 영산강 하구와 바다가 만나는 곳에 밤이면 화려한 야경과 분수쇼가 펼쳐진다. 박물관, 문학관 등이 모여 있어 가족 여행객에게도 인기 높다.

갓바위

목포중앙여자중학교

우체국

버스정류장
(목포역 행)

하당 현대아파트

버스정류장
(목포역 행)

꿈동산 신안 1차
아파트

카페 아흐레

신흥동 주민센터

삼성아파트

꿈동산 신안
2차 아파트

일층카페

목포
교육지원청

입암산 입구

입암산

갓
바
위
터
널

버스정류장

달맞이공원

버스정류장

유람선 선착장

생활도자 박물관

목포문화관

목포평예연사관

목포자연사
박물관

남농 기념관

목포애
전시관

버스정류장

해양문화재연구소
해양유물전시관

갓바위

버스정류장

목포문화
예술회관

BUNA BLOOM

스토리계하

롯데마트

유토피아
가족관광호텔

샹그리아
비치관광호텔

에코의 서재

김덕호 유달콩물

폰타나비치호텔

해촌

버스정류장

버스정류장

버스정류장

평화광장

우미파크빌

해빔

버스정류장

버스정류장

인동주마을

현충공원

목포 해양수산청

삼학교

옥암수변
생태공원

갓바위권

목포의 문화예술이 풍성하게 차려진 곳

목포 8경에 손꼽히는 갓바위를 중심으로 문화와 예술, 역사가 현대와 소통하는 문화권이다. 영산강 하구쪽의 신시가지와 인접해 있고, 밤이면 바다 위로 화려한 야경과 분수쇼가 펼쳐진다. 근대 문화역사 거리에서 시작한 목포 여행은 갓바위권에서 분수쇼를 보며 마무리 해볼 것을 추천한다. 벚꽃이 아름다운 입암산을 중심으로 국립해양문화재연구소, 문예역사관, 목포생활도자박물관, 자연사박물관 등이 모여 있어 가족 여행객에게도 인기 높다.

 어떻게 갈까?

시외버스터미널

버스 ● 1, 1-1, 1-2, 2, 3, 10, 60, 108, 112, 119, 200, 300, 700, 600, 800번 버스를 타고 목포MBC 앞에서 하차. 하당방향 7번 시내버스로 환승 → 목포자연사박물관에 하차(30분 소요)

택시 ● 10~15분 소요, 4,000원 가량

목포역

목포역 건너편에서 15번 버스를 타고 목포자연사박물관 하차(20분 소요)

택시 ● 15~20분 소요, 5,000원 가량

 추천 코스

국립해양문화재연구소 —(도보 3분)— 목포문학관 —(도보 1분)— 옥공예전시관 —(도보 3분)— 목포생활도자박물관

Humpback whale

📍 **#Travel Tips**

❶ 갓바위권은 도보와 버스를 이용해서 다니거나 일행이 있다면 택시를 이용하자.

❷ 버스가 드물게 정차하는 곳이 있으니 미리 배차 시간을 확인해 두자.

❸ 평화광장 주변은 로컬식당보다 프랜차이즈 식당이 많다.

❹ 전시관이 모여있는 갓바위문화타운 인근에 카페테리아 외에 레스토랑이나 카페는 없다.
  식사시간을 고려하여 코스를 짜는 것이 좋다.

❺ 시설이 좋은 호텔은 평화광장에 모여 있다.

❻ 목포 자연사박물관 티켓으로 목포생활도자박물관, 목포문예역사관을 무료로 관람할 수 있다.

목포자연사박물관 — 문예역사관 — 갓바위 해상보행교 — 달맞이 공원 — 평화광장

도보 1분 　　 도보 1분 　　 도보 10분 　　 도보 5분 　　 도보 10분

살아있는 전설
갓바위

목포시 용해동 7-8(갓바위 통역안내소 또는 목포자연사박물관) ● 061-270-8598 ●보행교 통행 동절기 05:00~23:00, 하절기 05:00~24:00. 태풍, 호우, 폭설, 안개 등의 기상악화 시에 출입통제●무료 입장● 주차 가능

바다로 뻗은 작은 산책로를 따라 걷다보면 독특한 모양새의 바위를 만나게 된다. 두 얼굴이 마주한 것같은 갓바위는 자연적, 문화적 가치를 인정받아 2009년 국가지정문화재 천연기념물 500호로 지정되었다. 큰 갓의 형태인 갓바위는 풍화혈(風化穴)로, 해수와 담수가 만나는 곳에 위치해 있어 바위 사이로 물기가 스며들면서 발달하였다.

스님 두 분이 삿갓을 쓴 것 같다고 하여 갓바위, 훌륭한 도사스님이 기거하였다고 하여 중바위라 부른다. 목포의 갓바위는 자연현상으로만 형성되어 다른 지역의 풍화혈에서 볼 수 없는 희귀성이 있다.

예전에는 배를 타고 볼 수 있었으나 2008년에 나무데크로 다리를 놓아 쉽게 감상할 수 있다. 석양의 빛이 바위에 쏟아지는 해질 무렵부터 조명이 들어오는 밤 시간이 갓바위를 감상하기 가장 좋은 시간이다. 도란도란 밤 산책을 즐겨보자.

갓바위에는 세 가지 전설이 내려온다.

하나. 아주 먼 옛날 병든 아버지를 부양하며 소금을 팔던 젊은이가 있었다. 궁핍한 살림에도 효심이 지극해 머슴살이까지 했지만 품삯도 제대로 받지 못한 채 한 달 여만에 집에 돌아왔다. 그러나 아버지는 죽음으로 맞았다. 제대로 병간호하지 못한 자책감과 슬픔에 아버지를 양지바른 곳에 모시려 했다. 하지만 실수로 관을 바다 속을 빠뜨리고 만다. 청년은 불효를 저지른 죄책감과 슬픔에 갓을 쓴 채로 자리를 지키다 죽었는데, 먼 훗날 그 자리에 두 개의 바위가 솟아 올랐다. 이후 큰 바위는 아버지바위, 작은 바위는 아들 바위라 부른다.

둘. 진리를 깨달은 경지높은 도사(아라한)와 부처님이 함께 영산강을 건너 나불도에 있는 닭섬으로 건너가려고 잠시 쉬던 자리에 쓰고 있던 삿갓과 지팡이를 놓은 것이 갓바위가 되었다.

셋. 월출산에서 도를 닦던 스님이 상좌를 데리고 목포에 필요한 물건을 구하려고 축지법을 사용해 영산강을 건너려고 하였다. 하지만 상좌스님이 잘 따라오지 못해 건너지 못하고 돌로 굳어졌다.

 어떻게 갈까?

버스 ● 목포역에서 15번 승차. 1번 버스로 목포 MBC 앞에서 7번으로 환승.
　　　　시외버스터미널에서 6번, 14번 버스로 용해동 금호아파트 앞에서 7번으로 환승.

택시 ● 시외버스터미널에서 15분. 목포역에서 15분.

153

운림산방의 선을 따라서

남농기념관

목포시 남농로 119 (용해동) www.namnongmuseum.com ● 061 – 276 –
0313 ● 3~10월(09:00-18:00), 11~2월(09:00-17:00) ● 연중무휴 ● 어른
1,000원 초중고생 500원 ● 주차 가능

한국 남종화의 거장이자 운림삼방의 3대주 남농 허건 선생
이 1985년 10월 선대가 남긴 유적을 보존하고 남종화를 이
어가기 위해 개관하였다. 허건 선생은 조선시대 헌종 때의
궁중화가이자 시, 서, 화의 삼절이라 불리던 소치 허유(허
련) 선생의 손자이며, 화가인 미산 허형의 넷째 아들이다.
그는 목포에서 평생을 보내며 한국 남종화의 발전에 이바지
하였다.
전시관에는 허련 선생의 작품과 5대에 걸친 운림산방의 작
품이 전시되어 있고, 가야, 신라, 조선시대에 이르는 토기
와 도자기 200여 점이 전시되어 있다.

📍 #Travel Story

남종화(南宗畫)

남화라고도 한다. 학문과 교양을
갖춘 문인들이 비직업적으로 수
묵(水墨)과 담채(淡彩)를 써서 내
면세계의 표현에 치중한 그림의
경향을 말한다.

운림산방

조선 후기 화가 허유(許維:1807
~1892)가 만년에 기거하던 화실
의 당호이다. 허유의 화풍을 이
은 · 허형 · 허건을 가리켜 운림
산방(雲林山房 : 전남기념물 51
호) 3대라고 한다.

그림과 화폐가 있는

문예역사관

목포시 남농로 149 ● 061-276-6331 ● 09:00~18:0 ●
1월 1일, 매주 월요일 휴무 ● 자연사박물관 티켓소지자
무료관람 ● 주차 가능

남농전시관과 함께 둘러보기 좋은 전시공간
으로, 남종화의 맥을 창시하고 이은 운림산
방 4대에 대한 작품이 전시되어 있다. 또한
남농 허건 화백이 기증한 수석 100여 점이
전시되어 있으며 서양화가 오승우 화백의 대
표작품이 교체 전시된다.
화폐의 역사와 각국의 화폐도 전시되어있다.
유명한 행운의 2달러 화폐와 기념촬영을 할
수 있는 포토존도 있다. 회화관은 사진촬영
이 불가하니 유의할 것.

쉬어가기 좋은

달맞이공원

목포시 상동 1151 ● 24시간 연중무휴 ● 무료 ● 인근 주차
가능

갓바위 앞의 산책로를 따라 계속 걸으면 유
람선 선착장과 아담한 공원에는 등나무 지붕
이 눈길을 끈다. 자연 텐트 역할을 하는 이곳
에서 멋진 캠핑 기분을 맛볼 수 있다. 매년 5
월이면 달맞이 공원에 등꽃이 피어 보랏빛으
로 물드는 풍경이 아름답다. 4.19민주화운
동을 기념한 4.19미터 화강석 기념비가 있
다. 유달산에 기념비가 있으나 너무 높은 곳
에 위치한데다가 규모가 작아 달맞이 공원에
새로 세웠다. 바다와 가까운 산책로를 따라
걸으면 색다른 목포의 밤을 느낄 수 있다.

생활 속의 도자기

목포생활도자박물관

목포시 남농로 117 http://doja.mokpo.go.kr/2011/kor/
index.htm ● 061-270-8480 ● 09:00~18:00 ● 월요일 휴
무(1, 4, 8, 10월 개관) ● 어른 3,000원 청소년 2,000원
(자연사박물관 티켓 소지시 무료 입장) ● 주차 가능

우리나라 최초의 생활도자 전문 전시관이다.
천년 동안 공예와 건축, 첨단 세라믹으로 발전
한 우리 생활도자기의 역사를 한자리에서 돌
아볼 수 있다. 도자기 재료와 도구, 굽는 과정
도 볼 수 있고, 다양한 전시를 통해 도자기가
생활에서 어떻게 쓰이는지를 잘 알 수 있다.
어린이 체험 전시실에는 3D 도자기 만들기,
도자기 흙 밟기 모션게임 등 다양한 놀이형 전
시가 있고 옹이체험관도 있다. 직접 도자기를
만들거나 기념품으로 선물할 수 있다.

체험하는 도자기 축제

목포생활도자전

목포시 (사)전남도자기협회 ●061-270-8567

평화광장 일대에서 열리는 생활 도자기 축제이다. 직접 도자기를 빚는 체험형 축제로, 물레를 이용한 도자기 만들기, 흙밟기, 흙놀이 등 다양한 행사로 구성되어 있다. 가족도자기 성형대회, 어린이 도자기 경진대회 등도 열려 가족여행객에게 큰 인기이다. 전국 도자기 공모전 입상작 전시회가 열리며, 다양한 도자기가 판매된다.

글 향기 가득한
목포문학관

목포시 남농로 105 ● 061- 270-8400 ● 9:00~18:00 ● 1월 1일, 매주
월요일 휴무 ● 어른 2000원 어린이 1000원 ● 주차 가능

국립해양문화재연구소의 맞은편에 있는 목포문학관은
목포를 대표하는 4명의 작가를 소개하고 있다. 문학의
숨결이 기록된 곳이어서인지 입구에 들어서면 작가의
향연에 마음이 차분해지고, 시를 읽듯 전시물 하나하나
를 보게 된다.

목포 문학관은 2개 층으로, 1층에는 전통적인 사실주
의에 입각한 극작가이자 연출가인 차범석과 최초 여류
소설가인 박화성의 작품과 작품 세계를 소개하고 있다.
2층에는 우리나라 연극에 처음으로 근대극을 도입하
고, 40여 편의 시와 희극을 남긴 극작가 김우진, 문학
평론가 김현의 활동을 전시하고 있다.

집필실

 차범석 1924~2006

목포 출신으로 연세대 영문과를 졸업했다. 1951년 「별은 밤마다」(2막)를 목포문화협회 주최 예술제에서 공연하고 「백화」(3막) 등 3편을 목포중학교 예술제에서 공연하는 등 목포에서 성장한 극작가이다. 1956년 조선일보 신춘문예에 희곡 〈귀향〉으로 등단하였다.

철저한 사실주의에 바탕해 문명화에 따른 인간성 상실, 애욕의 갈등, 정치 비리 등을 다룬 작품이 많고, 목포의 항구와 섬사람들의 생활을 묘사한 작품도 다수이다. 50여 년 동안 한국적 개성이 뚜렷한 사실주의 극을 확립하는 데 공헌한 대표 극작가이자 연출가로 평가받는다. 주요 작품으로 〈귀향〉(1956), 〈불모지〉(1957), 〈산불〉(1962) 등이 있다.

 박화성 1903~1988

본명 박경순(朴景順) 호는 소영(素影)이다. 목포 출신으로, 정명여학교를 졸업하였다. 영광주학원의 교사로 활동하며 문학수업을 받았고, 《부인》지에 수필 '시풍 형께', '선생께', '정월초하루'를 발표하였다. 일본으로 유학, 일본여자대학교 영어영문학과를 다니다가 중퇴하고 귀국하였다. 춘원 이광수의 추천으로 1925년 《조선문단》에 목포 최초 방직공장의 여공을 주인공으로 한 〈추석 전야〉로 등단하였다. 유달산 입구의 하수도 공사를 모티브로 한 《하수도 공사》, 《헐어진 청년회관》 등 목포에 대한 사랑과 민족애를 바탕으로 한 작품을 남겼다. 《사랑》, 《타오르는 별》 등 많은 장편 소설과 《고향 없는 사람들》, 《눈보라의 운하》 등이 있다.

거리거리

159

김우진 1897~1926

호는 초성(焦星) 또는 수산(水山). 장성군수의 아들로 태어나 목포에서 소학교를 마친 뒤 부친의 뜻으로 일본 구마모토농업학교(熊本農業學校)에 진학하였다. 문학에 대한 열망으로 와세다대학(早稻田大學)에 진학하여 1924년에 영문과를 졸업했다. 구마모토 농업학교 시절부터 시를 썼으며, 1920년 대학시절에 연극연구단체인 극예술협회(劇藝術協會)를 조직하였다. 대학졸업 후 기업을 이어 상성합명회사(祥星合名會社)의 사장이 되었으나 문학에 대한 열망은 계속되었다. 이 시기에 48편의 시와 5편의 희곡, 20여 편의 평론을 썼다. 아버지와의 마찰로 1926년 마침내 가출, 일본에서 관부연락선을 타고 돌아오던 중 윤심덕(尹心悳)과 함께 현해탄에서 투신 자살했다. 그의 나이 29세였다.

계몽적 민주주의와 인도주의, 감상주의에 머물렀던 기성 문단을 뛰어넘은 최초의 근대적 극작가이자 신극운동을 일으킨 연극운동가로 평가받는다.

집필실

김현 1942~1990

본명은 광남(光南)이다. 목포 진도에서 태어나 북교국민학교에 진학. 서울대 불문과 재학시절인 1962년 《자유문학》 3월호에 「나르시스 시론(詩論)」을 '김현'이라는 필명으로 발표하며 등단하였다. 인문학 전반을 아우르며 섬세하면서도 날카로운 작품 분석력과 명료하고 아름다운 문체로 비평을 독자적인 문학 장르로 끌어올린 최초의 비평가로 평가받는다. 1974년부터 작고할 때까지 서울대 불문과 교수로 재직하였다.

소중한 추억을 선사하는
평화광장

목포시 평화로 85 (상동 1157) ● 061-270-8581 ● 무료 ● 주차 가능

원래 미관 광장이었으나 2000년 故 김대중 대통령의 '노벨평화상' 수상을 기념해 '평화광장'으로 개명하였다. 서해지만 일출을 볼 수 있고, 1.2km의 해안도로가 있어 인라인스케이트, 자전거 등을 즐길 수 있는 해변공원이다.

평화광장 앞 잔잔한 바다로, 가운데 '춤추는 바다분수'가 설치되어 더욱 유명하다. 매일 밤 워터스크린이 펼쳐지고 분수를 따라 화려한 빛이 수를 놓아 많은 이들이 찾는다. 시민들이 사연을 보내면 음악과 함께 소개해 줘, 프로포즈, 고백, 고마운 마음을 표현할 수도 있다. 신청은 홈페이지 http://seafountain.mokpo.go.kr에서 받는다.

광장에는 야외공연장이 있어 여러 문화행사도 열린다.

📍 #Travel Story

바다 음악분수
프로포즈, 축하 신청 : http://seafountain.mokpo.go.kr
공연 : 4~11월(12~3월까지 공연 없음). 천재지변,
　　　 기상악화 등에 의해 일정 변경 가능.
4~5월, 9~11월 : 일, 화, 수, 목 20:00, 20:30
　　　　　　　　　금, 토 20:00, 20:30, 21:00
6~8월 : 일, 화, 수, 목 21:00, 21:30
　　　　　금, 토 21:00, 21:30, 22:00

유람선 타고 목포 여행
유람선 선착장

목포시 상동 1151 달맞이공원 ●061-281-1110 ●주간 : 11:00~17:00 (20명 이상 수시 운항) 야간 19:30 이후 1회 운항 ●휴무-계절, 날씨, 해상상황에 따라 변동 ●어른 15,000원 어린이(5~13세) 7,000원 5세 미만 무료 ●주차 가능

목포를 여행하는 특별한 방법 중 하나가 유람선을 타고 바다에서 목포를 돌아보는 것이다. 갓바위 문화타운에 위치한 유람선 선착장에서 배를 타고 삼학도, 해양대학교, 목포대교와 고하도를 거쳐 평화광장의 음악분수 등을 보고 돌아오는 코스를 즐길 수 있다.
200톤급의 스타마리나호 유람선이 주간과 야간에 약 1시간 20분간 운항을 한다. 야간 코스는 음악분수를 배 위에서 감상할 수 있어 인기이다. 규모가 있는 유람선이라 20명 이상일때 운항한다.

하늘과 바다가 만나는
목포 옥암 수변생태공원

목포시 옥암동 ●24시간 연중무휴 ●무료입장 ●주차 가능

목포시가 친환경 생태공원으로 조성한 4만 평 공간의 자연생태공원이다. 시민들의 산책과 피크닉 장소로 사랑받는 곳이다.
특히 가을에는 파란 하늘과 바다, 영산강의 풍경이 어우러지고, 호수 주변의 갈대 풍경이 여름내 지친 몸과 마음을 달래주는 것만 같다. 호수 주변에는 나무데크로 만든 산책로가 있어 갈대숲을 거닐 수 있다. 또한 돛배인 '목포호' 선착장이 있어 돛배를 타고 영산강의 아름다운 풍광을 즐길 수 있다.

바다 속 유물탐사!

국립해양문화재연구소

국립해양문화재 연구기관이자, 해양유물전시관으로 유명하
다. 수중고고학 박물관이라는 별칭을 지닌 이곳은 역사학도
의 필수 답사지이기도 하다. 국내 유일의 해양유물전시관으
로, 수중 문화유산을 발굴하여 전시하고 있다.

전시관은 바다 속을 유영하듯 부드럽고 야트막한 오르막과
내리막을 따라 배와 수중유물을 감상할 수 있도록 설계되어
있다. 가장 흥미로운 전시물은 1975년 신안 앞바다에서 발
견된 신안보물선과 1323년 중국과 일본을 오가던 중국무역
선의 일부, 고려시대 도자기 운반선인 완도 선이다. 수중유
물 뿐 아니라 배의 역사, 어촌의 민속에 관한 이야기가 있고
다양한 체험공간도 있다.

전시관 내에는 바다를 마주한 휴게공간이 있어 여느 전시관
보다 멋진 풍광을 자랑한다.

목포시 남농로 136 ● 061-270-
2000 ● www.seamuse.go.kr ●
09:00~18:00 토, 일, 공휴일 19시
까지 ● 월요일 휴관 ● 무료 관람 ● 주
차 가능

박물관이 살아있다
목포자연사박물관

목포시 남농로 135 ● 061-274-3655 ● 09:00~18:00 ● 매주 월요일, 1월 1일 휴관 ● 어른 3,000원 청소년 2,000원 ● 주차 가능

영화 《박물관이 살아 있다》를 본 후 박물관에 가면 상상을 하게 된다. 내 뒤에서 명화가 수다를 떨거나 조각상이 머리를 긁적이는. 가장 짜릿한 상상은 공룡이 움직이는 것이다.

목포자연사박물관은 지구의 46억년 자연사를 보여준다. 특히 세계에서 단 2점뿐인 공룡화석 프레노케랍토스와 신안군 압해도에서 발굴하여 복원한 육식공룡알 둥지 화석은 목포자연사박물관의 보물이다. 육식공룡알 둥지 화석은 세계적인 규모로 손꼽힌다.

지질관을 비롯한 7개의 전시실로 구성된 이곳은 국내에서도 최대 규모로 꼽힌다. 총 4만여 점의 자료와 공룡모형, 화석, 식물, 곤충, 조류, 어류 표본 등을 표본, 전시하고 있다. 아이들은 물론이고 어른들에게도 호기심을 불러일으키는 곳이다.

매점과 기념품숍에서는 다양한 공룡 장난감을 판매한다.

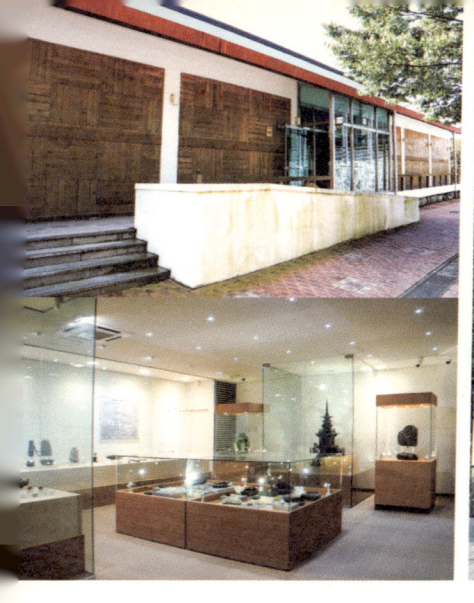

옥장 장인의 화려한 솜씨

옥공예전시관

목포시 남농로 83 정자 ● 061-277-4255 ● 9:00~18:00
● 월요일 휴무 ● 무료입장 ● 주차 가능

옥공예라면 흔히 액세서리나, 도장 정도를
생각하겠지만 목포 옥공예전시관에 가면 생
각이 조금 바뀔 것이다. 우리나라 옥공예 최
고봉으로 꼽히는 장주원 옥장(중요무형문화
재 제 100호)의 작품이 전시된 공간이다.
장주원 옥장은 옥공예 종주국인 중국에서도
인정받는 대가이자 목포를 대표하는 인물이
다. 전시관에는 장주원 옥장이 수십 년간 만
든 옥공예품이 전시되어 있다. 섬세한 작품
을 들여다보면 장인의 예술혼과 고집이 느껴
진다.

도심 속의 휴식 공간

현충공원

목포시 옥암동 66-51 ● 061-285-2895 ● 연중무휴 ● 주
차 가능

목포시 옥암동 부흥산 자락에 위치한 곳이
다. 호국영령들의 넋을 추모하고 시민들에게
편안한 휴식공간을 제공하는 곳으로 공원 내
에는 20여 미터의 현충탑과 상징조형물, 위
패실이 있다. 부흥산 둘레길과 연계하여 둘
러보기 좋다.
본래 유달산에 있었으나 지대가 높은데다가
규모가 협소하여 시민과 국가유공자들이 참
배하기에 어려움이 많아 현재의 자리로 옮겨
왔다.

숨은 벚꽃나무 숲

입암산

목포시 용해동 꿈동산 신안2차 아파트 ● 갓바위 관광
안내소 061-270-8598 ● 인근 주차가능

입암산은 갓바위산이라고도 하는데, 해발
121미터의 야트막한 산이다. 인근의 갓바
위가 워낙 유명해 상대적으로 관심이 크지
는 않다. 그러나 봄이면 벚꽃과 동백이 만
발해 목포 시민들의 숨은 소풍지이자 화원
으로 사랑받는 곳이다.

저마다 높게 자란 벚나무에 팝콘이 매달린
듯 옹골찬 벚꽃들이 영롱하게 피는 봄날은
마치 벚꽃 숲을 연상케 한다. 낮은 산이라
산책하듯 걷기도 좋고, 도시락과 피크닉 매
트를 준비하고 야트막한 공간에서 봄날의
오후를 만끽하기에도 안성맞춤이다.

갓바위 주변이 문화타운으로 조성되면서 산
의 북쪽 부분과 바다에 가까운 산길이 끊어
지자 터널을 만들어 산줄기가 이어졌다.

🧭 **추천 코스**

입암산 둘레길(3.5km 약 2시간 소요)

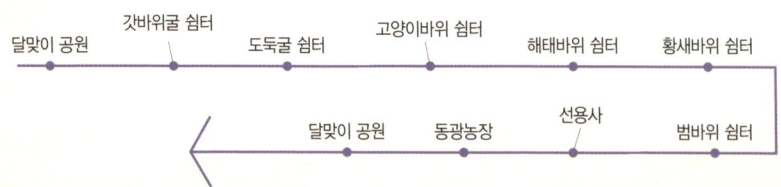

달맞이 공원 — 갓바위굴 쉼터 — 도둑굴 쉼터 — 고양이바위 쉼터 — 해태바위 쉼터 — 황새바위 쉼터 — 범바위 쉼터 — 선용사 — 동광농장 — 달맞이 공원

 어떻게 갈까?

목포역

버스 ● 13번 버스를 타고 초원아파트 정류장 하차. 15번 버스는 구한진약국 정류장 승차 목포교육청 정류장 하차. 약 30분 소요

택시 ● 약 13분 소요(약 6,000원)

목포시외버스터미널

버스 ● 터미널 후문 정류장에서 13번, 700번 버스를 타고 초원아파트 정류장 하차. 약 25분 소요

택시 ● 약 10여분 소요(약 4,200원)

📍 **#Travel Tips**

자전거 타기

바다와 마주하여 바닷바람이 기분 좋게 불어오는 평화광장은 누구에게나 달리고 싶은 욕망을 불러 일으킨다. 배낭이 무겁다고, 다리가 아프다고 그냥 지나치지 말자. 아이들 세발자전거부터 어른용 자전거, 가족이나 친구끼리 탈 수 있는 사륜자전거까지 다양하게 구비되어 있다. 시원한 바닷바람을 맞으며 상쾌하게 달려보자.

목포시 평화로 85 (상동 1157) ● 14:00~20:00 10:00~20:00 ● 연중 무휴 ● 5,000~10,000원(이용 시간과 자전거에 따라 다름) ● 인근 주차가능

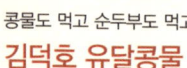

콩물도 먹고 순두부도 먹고

김덕호 유달콩물

평화광장 근처에서 숙박을 하고 다음 날 콩물로 가볍게 아침을 먹고 싶다면 김덕호 유달콩물로 가보자. 구도심의 유달콩물에서 콩물 기술을 전수받은 곳으로 콩물 및 순두부를 직접 만들어 판매하는 곳이다.

간단한 아침으로도 좋고, 점심에는 콩국수로 먹어도 좋다. 저녁이라면 평화광장의 야경을 보며 순두부찌개를 맛보자. 후식으로 맛볼 수 있게 콩물 한잔도 판매하고 있어 목포의 맛을 두루 느껴보고 싶은 이들에게 매력적이다.

목포시 상동 1160-8. 평화광장 인근●061-282-4432 ●09:30~20:00●콩국수 8,000~11,000원 콩물 2,000~5,000원 된장순두부 8,000원●연중무휴●주차 가능

바지락으로 채우는 든든한 한 끼

해촌

목포 음식 명인의 집으로, 바지락과 낙지를 전문으로 하는 곳이다. 서남해안 인근 청정해역에서 직송한 바지락과 낙지를 사용해 신선함이 자랑이다. 나홀로 여행객이라면 한정식 부럽지 않은 맛의 바지락 비빔밥을 추천한다. 비린내 하나 없이 삶아낸 바지락에 직접 담근 매실식초를 넣어 새콤달콤하게 무쳐낸 바지락 초무침과 곱게 지은 밥을 비벼 먹으면 일품이다. 특히 바지락 육수 국물이 맑고 깊어 속을 든든히 채워준다. 낙지비빔밥과 바지락죽도 인기이다. 주말이면 줄을 서야 하니 가장 붐비는 시간을 피해 가자.

목포시 미항로 133. 평화의 광장●061-283-7011 ●10:00~22:00●바지락 비빔밥 8,000원 바지락죽 8,000원 낙지비빔밥 10,000원●연중무휴●주차 가능

합리적인 가격의 삼합 한상!

인동주마을

목포 1호 음식 명인의 집이자, 인동주 아주머니로 유명한 식
당. 주인장의 고향마을 산기슭에 자생하는 인동초를 넣어 개발
한 막걸리와 삼합, 꽃게장 백반으로 유명한 목포의 대표 맛집
이다. 인동초는 고 김대중 대통령의 별칭으로도 유명한데, 추
운 겨울도 잘 견디고 양지바른 곳에서 자란다. 신장계통 질환
과 소화기관에 좋은 약재이기도 하다. 인동초 막걸리는 깔끔하
면서도 깊은 맛을 자랑한다.

가격도 비싸고 강한 냄새 때문에 홍어회가 부담스럽다면 인동
주마을 찾아가보자. 가격도 적당하고, 부드럽게 삶아낸 돼
지고기와 남도의 맛이 깃든 김치, 적당히 삭힌 홍어회가 잘 어
우러진다. '맛있다'는 뜻의 전라도 사투리인 '게미'가 느껴지는
맛이다. 반찬으로 나오는 음식도 맛있고, 삼합이 함께 나오는
꽃게장 백반도 인기이다. 홍어회와 게장, 인동초 막걸리는 선
물용으로 구매할 수 있다.

목포시 복산길12번길 5. 목포해양지방경찰청 인근 사랑의 교회 뒷골
목 ● 061-284-4068 ● 10:00~22:00 ● 홍어삼합 30,000원 꽃게장백반
40,000원 ● 명절 휴무 ● 주차 가능

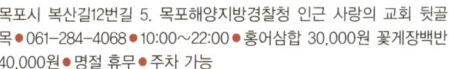

해초와 게살이 만나 맛있는 어우러짐

해빔

일식집을 연상케 하는 고급스러운 인테리어와 항구 근처에 위치해 전
망이 좋다. 깔끔한 상차림도 훌륭한데, 식이섬유가 풍부한 해초가 꼭
들어가는 것이 특징이다. 비빔밥에만 해초가 무려 8가지 들어간다.
톳, 다시마 같은 익숙한 해초부터 불등가사리, 세모가시리, 꼬시래기,
갈래곰보 등 흔히 보기 힘든 해초까지 곁들여진다.
특히 목포 게살무침을 곁들이는 꽃게살 비빔밥이 이곳의 대표 메뉴이
다. 비린맛 하나 없이 고소하고, 씹는 맛이 즐거운 해초를 넣어 비벼먹
는 맛은 목포의 바다를 통째로 입 안에 넣는 기분.

목포시 미향로 83. 달맞이 공
원 인근 ● 061-282-2770 ●
10:00~22:00 ● 꽃게살 비빔밥
12,000원 ● 연중무휴 ● 주차 가능

커피상담소
BUNA BLOOM

목포의 커피 마니아들이 즐겨 찾는 카페. 까다롭게 선별한 원두를 로스팅하는 것으로 알려져있다. 좋은 향과 맛을 자랑하는 원두로 핸드 드립한 커피가 유명하다.

원두 종류에 따른 커피 맛에 대해 주인장과 매니저가 친절하게 설명해주고, 추천도 해준다. 앤티크한 잔에 나오는 커피는 여행의 피로를 날려주고, 배낭 속에 챙겨둔 책을 꺼내 들게 만드는 여유를 선사한다. 평화광장과 인접해 야경을 기다리기에도 안성맞춤이다.

목포시 통일대로 94. 평화광장 인근 쉐보레 매장 ● 070-274-8811 ● 09:00~22:30 ● COE 커피 8,000~10,000원. 세계 3대 커피 8,000~10,000원 핸드드립 5,000~10,000원 ● 연중무휴 ● 주차 가능

강남머광

171

책 향기와 바다향기가 어우러지는 북카페

에코의 서재

평화광장은 목포 신시가지와 인접한 곳이어서 프랜차이즈 식당과 카페가 많다. 그 가운데서 소박하면서도 편안한 카페로 사랑받는 곳이 있다. 북카페 에코의 서재는 책과 커피향이 잘 어우러진 공간으로, 바다와도 가까워 날씨 좋은 날이면 바다 향기까지 밀려온다.

곳곳에 책과 앤티크한 소품이 자리하고 있어 잔잔한 영화 속에 들어간 기분마저 든다.

음료를 주문하면 간단한 쿠키가 함께 나와 심심한 입을 달래기에도 좋다. 자정까지 오픈하고 있어 근처에 숙소를 정했다면 밤바다와 소탈한 이야기를 나누어도 좋은 곳이다.

목포시 미항로 151. 평화광장 인근 ● 061-285-8851 ● 10:30~23:59 ● 커피류 3,500~5,500원 스무디 5,000원 ● 연중무휴 ● 인근 주차가능

여심을 사로잡은 디저트가 맛있는

일층카페

입암산 근처에 있는 카페로, 목포의 핫 플레이스 카페 중 하나이다. 소품과 드라이 플라워, 빈티지 가구가 잘 어우러지는 사랑스러운 인테리어로 여심을 사로잡기에 충분하다. 특히 카페 안쪽의 야외 테라스는 천정을 요트의 돛처럼 천막으로 연출하여, 목포 바다를 항해하는 듯한 기분이다. 카페에 앉아있노라니 여행은 어느새 한가로운 일상처럼 편안함을 준다.

직접 로스팅한 커피와 수제차, 핸드메이드 케이크, 브런치로 손색없는 사이드 메뉴까지 있어 어느 때 찾아도 좋다. 특히 그린티트라이앵글은 녹차쉬폰에 팥 앙금을 넣어 만든 케이크로 목포의 유달산과 입암산을 떠오르게 한다. 커피 필터지로 원두 방향제를 만들어 필요한 이들에게 무료로 나눠주는 친절한 카페이다.

목포시 하당로 38-1. 교육지원청 옆 ● 061-980-7417 ● 평일 13:00~23:00 휴일 10:00~23:00 ● 커피류 4,000~7,000원 수제차 6,000원 사이드메뉴 7,000~10,000원 그린티트라이앵글 6,000원 ● 연중무휴 ● 인근 주차가능

프랑스에 뒤지지 않는 마카롱

아흐레

입암산에서 봄의 시각과 후각을 실컷 즐겼다면 아흐레로 가서 미각을 만끽해보자. 입암산과 가까운 마카롱 전문 카페인 아흐레는 아기자기하고 조용한 분위기다. 그러나 유명한 마카롱 덕분에 찾는 손님들은 엄청 많다. 아흐레 마카롱의 장점은 풍부한 필링이다. 바싹하면서도 쫄깃한 마카롱 껍질(꼬끄)과 그 사이에 껍질 두께만큼 크림류(필링) 등으로 채우는데 그 조화가 여심을 넘어 남심마저도 사로잡았다.

녹차, 인절미, 유자, 라즈베리 등 마카롱의 껍질 종류에 따라 어울리는 필링이 달라지는데, 한가운데에 쫀득한 필링이 들어가 있어 다양한 맛과 식감이 조화를 이룬다. 반면 가격은 2,000~2,200원으로 비교적 저렴해 더욱 맛있게 느껴진다.

테이블은 화려한 색의 마카롱이 꽃을 피운다. 음료를 마시기 위해 마카롱을 주문하는 것이 아니라 마카롱을 먹기 위해 음료를 시킬 정도다. 가장 인기 음료는 꼬끄마루. 마카롱 꼬끄 조각을 넣은 밀크쉐이크의 일종인 메뉴로 눈과 입을 즐겁게 해준다.

목포시 하당로44번길 17. 고용노동부 목포지청 인근 ●10:00~21:00(금 · 토 · 일 연장) ●꼬끄마루 4,000원 마카롱 2~2,200원 ●연중무휴 ●인근 주차가능

토박이 형님이 운영하는
스토리 게스트하우스

blog.naver.com/mokpo_story

혼자 여행하거나, 목포에서 새로운 친구를 만나고 싶다면 스토리 게스트하우스에 가보자. 도미토리로 운영되는 전형적인 게스트하우스로 기본적인 룰만 지킨다면 편안하고 자유롭게 머물 수 있다. 스토리 게스트하우스의 가장 큰 장점은 목포 토박이인 젊은 호스트가 운영한다는 것이다. 토박이가 추천하는 맛집과 특별한 여행장소 등 여행에 도움이 되는 팁을 얻을 수 있다. 목포의 야경, 특히 평화광장과 춤추는 바다음악분수의 밤을 보고 싶다면 더없이 좋은 위치이다. 평화광장까지 걸어서 10여 분 거리. 자전거를 타고 갓바위 문화타운을 돌아보기에도 좋은 위치이다.

목포시 상동 1025-7. 하당 현대아파트 근처 ● 010-9143-4345 ● 도미토리 23,000원 ● 체크인 15:00 체크아웃 11:00 ● 조식 제공 ● 인근 주차 가능

갓바위권

세련되고 합리적인 호텔

유토피아 가족관광호텔

utopiahotel.kr

청결함, 좋은 위치, 합리적인 가격까지 삼박자를 고루 갖춘 숙소를 찾는다면 유토피아 가족관광호텔을 예약해보자. 평화 광장에 위치해 갓바위 문화타운에서 하룻밤을 묵어가려는 이 들에게 매력적인 숙소다. 38개의 객실이 있는 호텔로 여행자 뿐만 아니라 비즈니스 고객에게도 인기이다.

객실 인테리어가 단정하고 룸이 깨끗하게 관리되는 것이 가 장 큰 장점. 가격 또한 합리적이어서 부담없이 머물기에 좋 다. 무료로 이용할 수 있는 북카페에서 음료를 마시거나 노트 북도 이용할 수 있다. 다양한 상비약도 비치되어 있다.

유의점이라면, 객실 내 홍어는 반입되지 않는다. 냄새가 쉬 이 빠지지 않기 때문에 밀봉하였더라도 반입이 어려우며 강 제 퇴실된다는 점을 기억하자.

목포시 평화로 65-9. 평화광장 인근 ● 061-285-3000 ● 일반 더블룸 비성수기 주중 50,000원 주말/휴일 60,000원 준성수기 60,000원 성수기 70,000원 온돌룸 비성수 기 주중 60,000원 주말/휴일 70,000원 준 성수기 70,000원 성수기 80,000원 트윈룸 비성수기 주중 70,000원 주말/휴일 80,000 원 준성수기 80,000원 성수기 90,000원 ● 체크인 평일 15:00, 주말 및 성수기 16:00 체크아웃 평일 12:00 주말 및 성수기 11:00 ● 조식 미포함 ● 주차 가능

목포 밤바다가 화려하게 펼쳐지는 호텔

폰타나비치

www.fontanahotel.co.kr

목포에서 가장 전망이 좋은 숙소 중 하나이
다. 평화광장 앞바다가 시원하게 펼쳐지고
영산강 하구둑의 풍경과 멀리 영암의 풍경
까지 조망할 수 있다.

지하 1층, 지상 10층 규모로 67개의 객실
과 연회장, 세미나실, 사우나, 레스토랑,
피부관리실, 비즈니스 센터 등의 부대시설
을 갖춘 1급 호텔이다. 나홀로 여행객부터
비즈니스, 가족여행 등 모든 연령대의 숙
박객을 포용할 수 있는 곳이기도 하다.

모든 객실에서 지중해 부럽지 않은 목포 바
다와 밤마다 춤추는 바다 음악분수를 감
상할 수 있다. 객실이 온돌마루로 이루어
진 것도 독특하고, 천연 라텍스 침대와
100% 거위털 침구는 편안한 잠자리를 약
속한다.

중후하지만 모던한 인테리어와 깨끗한 룸 컨디션, 어
메니티, 호텔 직원들의 친절함이 더해져 기분 좋은 여
행을 만들어 준다.

목포시 평화로 69. 평화광장 앞 ● 061-288-7000 ● 체크인
15:00, 체크아웃 12:00 ● 온돌 · 더블룸 136,000원 디럭스룸
143,000원 프리미엄룸 152,000원 로열스위트룸 420,000원
(주중가격, 성수기에 따라 달라질 수 있음) ● 조식 유료 가능
● 주차 가능

5

고하도

용을 닮은 섬, 고하도

목포의 남쪽 해안을 감싸며 천연 방파제 역할을 하는, 반달처럼 생긴 섬 고하도. 둘레가 12km에 불과하지만, 이순신 장군은 107일 동안 이곳에 머물며 호남을 지키고 나아가 조선을 지키는 마지막 결전을 준비하였다.

고하도

목포항의 관문 고하도

봄이면 바닷바람이 귀밑머리를 기분 좋게 흩날리는 조용한 섬이다. 목포의 남쪽 해안을 감싼 반달모양으로, 작지만 용머리 부분이 자연 방파제 역할을 하는 옹골찬 섬이다.

높은 산(유달산) 아래 있는 섬이라 고하도(高下島), 보화도(寶化島), 고하도(高霞島), 칼섬이라고도 한다. 섬 전체는 낮은 산지(최고 77미터)로, 동북쪽은 비교적 급한 경사의 지형이고, 남서쪽은 완만하게 해안으로 이어진다. 해안은 작은 곶과 만으로 발달하였다. 만 안의 간석지는 방조제를 쌓아 농경지와 염전으로 쓰인다.

삼국시대부터 고하도에 사람이 살았으나, 이순신 장군이 삼도수군통제영을 고하도에 두면서 역사의 주목을 받았다. 정유재란 당시 고하도는 수군의 핵심 전략지가 되면서 그 위치가 부각되었다. 현재 섬에는 충무공 유적지와 기념비가 남아 있다. 이때 유래된 놀이로 탕건 바위놀이와 강강술래가 전해진다.

일제강점기에는 면화 재배지로, 수탈의 현장이 되었다. 일제가 들여온 목화의 일종인 육지면(陸地棉)이 1904년 고하도에서 처음 재배 성공함에 따라 전국으로 보급되어 목포의 특산물이 되었다. 일제는 목포에서 1흑 3백을 수탈해 갔는데, 1흑은 '김'을, 3백은 '쌀과 소금, 면화'를 뜻한다. 특히 면화 물동량이 많아 목포가 '면화의 포구'에서 유래되었다는 왜곡이 있을 정도였다. 면화 재배지 외에 일본군 병참기지와 연합군 폭격을 피해 무기를 숨겼던 인공 석굴 11곳이 남아 있다.

1938년에는 조선총독부가 전국의 불량아동을 수용하는 감화원을 설치하였는데, 이후 국립 목포학원, 재생원으로 이름을 바꾸며 고아들을 수용하다가

1960년대에 폐원하였다. 이후 1984년 공생재활원으로 개원하였다. 대도 조세형이 감화원에서 어린 시절을 보낸 것으로도 유명하다. 고하도는 1963년 무안군 이로면이 목포시로 편입되면서 달리도, 외달도 등과 함께 목포에 속하게 되었다.

🚐 **어떻게 갈까?**

승용차 ● 고하도는 다리로 연결된 섬이니 내비게이션에 '목포시 달동 782-23 (고하도 복지회관)'을 찍고 간다.

시내버스 ● ① 목포역 건너 보해상가 앞에서 8번 버스(1시간 간격 운행)를 타고 고하도 공생재활원 입구 정류장 하차. 약 40분 소요
② 목포시외버스터미널 : 1, 1-1, 1-2번 버스를 타고 목포역 건너편 보해상가에서 하차. 8번으로 갈아타고 고하도 공생재활원 입구에서 내림. 약 1시간 소요

택시 ● 목포역에서 택시로 20분(약 1만원), 목포시외버스터미널에서 25분(약 1만 2천원)

📍 **#Travel Tips**

❶ 버스는 영암 군내를 들러 돌아나가는 길에 고하도에 멈춘다. 영암군내에서는 잠시 정차하고 곧 출발하니 갈아탈 필요 없이 기다리면 된다.

❷ 배차 간격이 1시간 30분이다. 미리 시간을 확인하고 여행계획을 짜자. 탈 때도 10분 정도 여유를 두고 버스를 기다리는 것이 좋다. 버스 어플 설치는 필수!

❸ 고하도 내에는 식당, 카페, 편의점 시설이 부족하다. 작은 슈퍼가 있으나 농사나 어업을 하며 운영하는 곳이라 이용하기 어려울 때도 있다. 마실 것과 간식거리는 미리 준비하고, 식사 시간은 피해 여행하는 것이 좋다.

❹ 고하도 내에 고하도 입구, 서산초등학교 충무분교, 고하마을, 공생재활원 입구 4개의 정류장이 있다. 마을을 둘러볼 때 미리 기억해 두는 것이 편리하다.

❺ 산행, 둘레길 트래킹은 어떤 지역이라도 안전에 주의하자. 지인에게 행선지를 알려두도록 하자.

조선의 명운을 짊어진
이충무공 유적지

목포시 달동 230. 복지회관에서 위쪽으로 올라감 ● 061-270-
8598 ● 무료입장 ● 연중무휴 ● 09:00~18:00 ● 섬 내 가능

이순신 장군은 13척의 배로 왜함 330척을 무찌
른 명량대첩 승리 이후, 수군의 재건을 위해 고하
도에 수군 사령부를 설치하였다. 그리고 마지막
결전인 노량해전을 준비하였다.

고하도는 다른 섬에 둘러 싸여 왜적의 침입을 막
기 쉬웠고, 겨울이면 차가운 북서풍을 피할 수 있
는 천혜의 요새였다. 또한 인근에서 소나무를 조
달해 배를 만들고, 호남의 곡창지대와 가까워 군
량 조달에도 유리한 곳이다.

염전이 있어 소금을 구하고 해조류와 어패류를 채
취하는 등 전략지로서의 조건이 충분했다. 고하
도에서 이순신 장군은 107일을 머물며 식량과
53척의 전선, 9천여 명의 군사를 마련할 수 있었
다. 이는 노량해전 승리의 밑바탕이 되었다.

섬에는 이충무공기념비(지방유형문화재
39호)가 있다. 1722년 충무공 5대손인 이
봉상이 건립하고 남구만이 비문을 짓고 조
태구가 썼다.

비문에는 이순신 장군이 전진기지로 고하
도를 선정한 경위와 전쟁 시 군량미의 중요
성 등이 기록되어 있다. 또한 일제강점기
일본군이 쏜 총탄자국도 남아 있다. 비를
모신 모충각은 1949년에 세워졌다. 이 일
대를 이충무공 유적지로 지정하여 뜻을 기
리고 있는데, 매년 4월 28일 탄신제가 봉
행된다.

저 멀리 유달산이 보이는
용오름 둘레길

용오름 둘레 숲길 약 6km, 약 2시간 40분 소요

고하도는 용의 모습을 닮아 용이 하늘로 승천한다는 전설이 내려온다. 북남쪽의 용오름 둘레길은 이충무공 유적지 인근에서 완만한 오르막길로 시작해 6km를 걷는 트래킹 코스이다. 용의 머리에 해당하는 길은 용이 날개를 펴고 하늘로 승천하듯 등허리를 타고 걷는 것과 비슷해 용오름길이라 불린다.

별도의 편의 시설이 없으므로 물과 간식을 준비하고, 화장실은 미리 들르는 것이 좋다.

 추천 코스

1

등산로 입구 — 둘레숲길 입구 — 밀바우(정상) — 외막개 — 용머리

← 등산로 입구 — 밀바우(정상) 둘레숲길 입구 — 외막개 — 용머리 — 숲길삼거리

2

등산로 입구 — 둘레숲길 입구 — 밀바우(정상) — 외막개 — 용머리 — 숲길삼거리

← 등산로 입구 — 둘레숲길 입구 — 큰덕골 저수지 — 대숲삼거리 — 외막개 — 용머리

HAPPY TRAVEL 06

목포 여행 레시피

1판 1쇄 인쇄 2016년 5월 25일
1판 1쇄 발행 2016년 5월 31일

글과 사진	김주미
펴낸이	정원정, 김자영
편집	홍현숙
디자인	김민정(mac2999@naver.com)

펴낸곳	즐거운상상
주소	서울시 종로구 옥인 3길 6-4(상하그린빌 101호)
전화	02-706-9452
팩스	02-706-9458
전자우편	happywitches@naver.com
출판등록	2001년 5월 7일
인쇄	내일북

ISBN 979-11-5536-043-9
      979-11-5536-005-7(세트)